子大探索

變態・變身・變異！

我們是機智的海洋生物

海洋生物的驚人生態圖鑑

著 鈴木香里武　繪 友永太呂
譯 張東君　審 邱郁文 國立嘉義大學生物資源學系暨研究所副教授

前言

打從出生開始，我就常和父母去海邊，熟悉了在那裡看到的海洋生物，不知不覺間被這群生物的魅力給深深俘虜住，因此現在以**岸壁幼魚採集家**的身分活動。

我和這群五花八門的海洋生物在大海中相遇、將牠們放在水槽飼育、看牠們成長……在近距離接觸的觀察中，特別令我注意到的是牠們常有戲劇性的生長變化，例如有些生物的身體顏色和斑紋會隨時改變、有些則是會將原本的身體構造打掉重練等。

本書將這些有著驚奇變化和獨特生態的海洋生物，分別以**變態**、**變身**、**變異**三個主題來加以介紹，並隨著頁面陸續登場的海洋生物，按照牠們的個性和特色，擬人化的對讀者訴說自身獨特

生態的精采故事。

以人類眼光來看，像這樣令人感到出乎意料甚至費解的生態習性或變化，對這些生物來說都是有意義的，**每一個變化背後的故事都極具戲劇性和感動性**，是這些變化將海洋生物生存的細緻工夫凝聚在其中。

請一一閱讀這些海洋生物的故事吧！相信你在不知不覺間能感受到，原本生物名詞中僅是用來形容身體結構改變的「變態」，會逐漸轉為令人喜愛的「變態」行為；原本只從外觀看得出來的「變身」，會成為令人充滿好奇心，想好好研究的「變身」行為；而有些生物所擁有奇妙的生態和行為招數，則變成逗趣的「變異」行為。像這樣的心境轉換，令人充滿閱讀時的探究樂趣。

——鈴木香里武

海洋生物，其實也會變態

【變態】是指生物在成長過程中，身體的結構或形態產生極端的變化。本書中所舉的例子，是那些會隨著生活型式，產生戲劇性變化的物種。請注意，這裡的「變態」和用來描述奇怪的人的「變態」意思並不一樣哦！

在成長過程中會改變外貌的，並非只有昆蟲而已。

動物在成長過程中，形態外貌會產生大幅度改變的這件事，稱為「變態」。

例如鳳蝶幼蟲的主食是樹葉，但不久之後就會結成蛹、羽化為成蟲，展開翅膀四處飛舞，這時鳳蝶改成吸食花蜜過活，像這種整體結構都產生戲劇性的變化，常令人驚嘆不已。

並不是只有昆蟲懂得這樣「變態」，同樣的，在海洋中也有許多物種會在成長過程中澈底改變。

昆蟲的變態
成蟲
蛹
幼蟲
我們海洋生物也是會變態的呢！
什麼！你不知道？

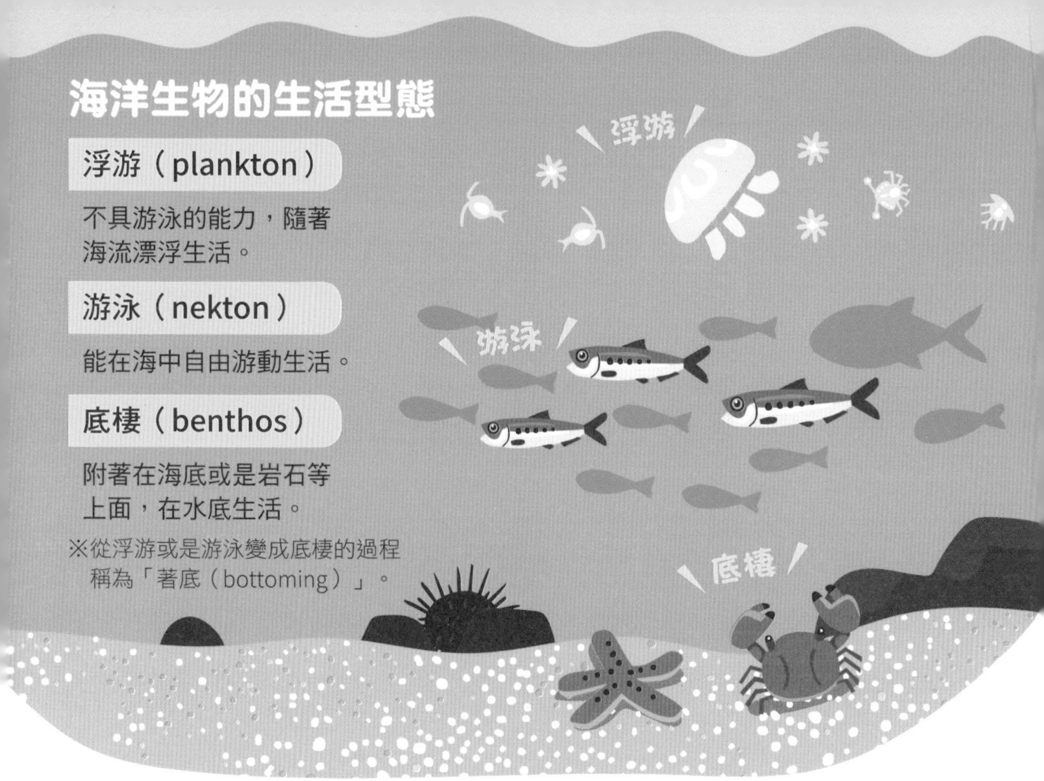

海洋生物的生活型態

浮游（plankton）

不具游泳的能力，隨著海流漂浮生活。

游泳（nekton）

能在海中自由游動生活。

底棲（benthos）

附著在海底或是岩石等上面，在水底生活。

※從浮游或是游泳變成底棲的過程稱為「著底（bottoming）」。

海洋生物的生活方式，大致可分為三類：隨著海流漂流（浮游）、自由自在的游動（游泳），以及固著在海底或岩石上面生活（底棲）。

由於海洋生物大多會隨著成長而改變生活型態，所以棲息場所、食物，以及和其他生物之間的關係也會隨之改變。像這樣的配合生活變化，使得生物「融入環境的外貌」或是「保護自己的方法」也得跟著改變，因此會將整個身體結構翻轉。

在本書中，將**配合生活的變化，於生長過程中大幅改變身體的結構或形態的這件事，定義為「變態」**。現在我們就一起來看看海洋生物驚人的變態術吧！

生活史中生活型態改變，讓身體的結構也跟著改變。這就是變態！

海洋生物的變態術在第一章（第14頁） GO!

序幕 2

海洋魚類的變身術

雖然不能歸為變態，但親代和子代外貌亦截然不同。

以人類來說，我們對於從孩童長大成為大人的過程印象，主要應該就是「身體變大」吧！

但是在大海中，卻有許多不單單只是**身體變大，而是子代與親代外觀截然不同，讓人完全無法想像「這竟然是同一物種」的魚類**。

顏色和斑紋大幅改變的物種、隨著成長長出角或瘤的物種，甚至還有連性別都會改變的物種……海洋中，許多魚類不停施展牠

【變身】雖然身體的基本結構沒有改變，但是在成長過程中，外貌會產生很大的變化。性別轉換的物種也包含在這類之中。請注意，這種變身和動畫中的英雄不同，不一定會變得更帥，說不定也會出現令人感到遺憾的變身。

猜謎時間 ?

我家的孩子，是哪個？

在上排的是爸爸、媽媽，在下排的是牠們的孩子。你知道哪些才是真正的親子嗎？請注意魚爸媽說的話，就是解答的線索哦！

成魚的樣貌

我家孩子的螺旋模樣很可愛

條紋蓋刺魚

答案在60頁

幼魚的樣貌

E

們特有的變身術。

這些變身的主要理由是「保護自己」。請注意，這裡有個重要的關鍵字是「擬態」，所謂擬態，是指「模仿」其他生物，或融入環境之中「隱匿」，在幼魚時期，以擬態過日的魚種非常多。

對魚類來說，幼魚時期的牠們不僅身體小、游泳能力也不強，為了避免被敵人攻擊或捕食的危險，就會使用這些變身術來讓自己能夠在嚴酷的海洋中存活下來。

在本書中，**將隨著幼魚成長為成魚，外觀上的印象大幅改變的這件事定義為「變身」**，請務必注目牠們華麗的變身術。

隨著成長，外觀或性別有所改變。這就是變身！

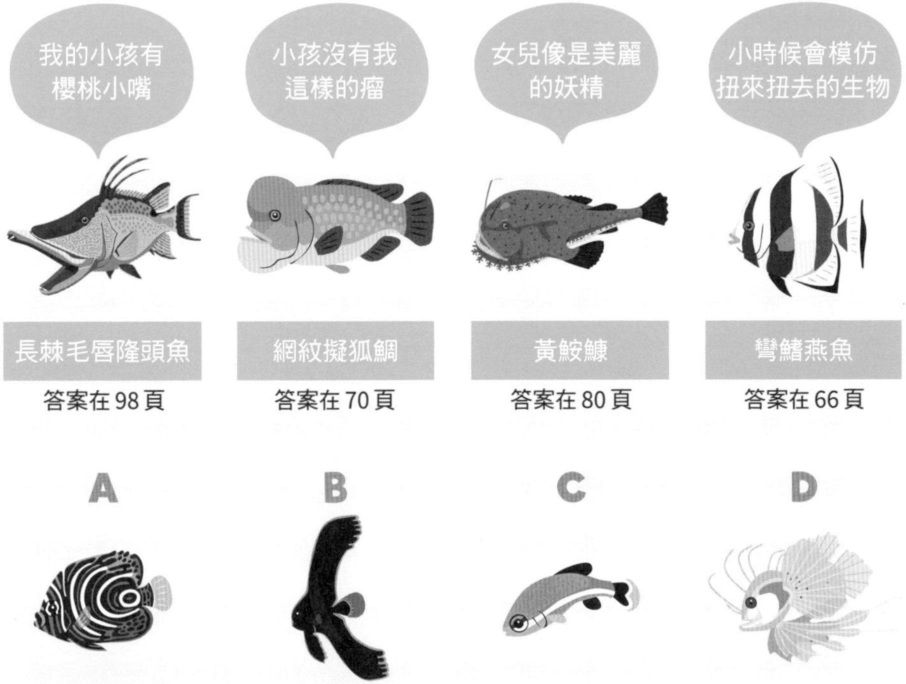
我的小孩有櫻桃小嘴
小孩沒有我這樣的瘤
女兒像是美麗的妖精
小時候會模仿扭來扭去的生物
長棘毛唇隆頭魚
網紋擬狐鯛
黃鮟鱇
彎鰭燕魚
答案在98頁
答案在70頁
答案在80頁
答案在66頁
A
B
C
D

會變身的動物在第二章（第58頁） GO!

序幕 3

海洋的生物，變異性相當高

【變異】指那些獨特又具有與眾不同的生態或行為，讓人不由得笑出來，或感到「到底是怎麼搞的」一般想讓人吐槽的物種，當然其中也包含了讓人心生敬佩的特殊能力，和令人感動的軼事。

WANTED
答案在120頁
身體會和同類纏在一起。
WANTED
答案在108頁
可以變成雄性也可以變成雌性。
WANTED
答案在142頁
兩隻眼睛長長的吊掛在外面。
WANTED
答案在110頁
把腸子掛在身體外面游泳。

為了在海洋中存活而擁有的「演化樣貌」！

海洋雖然美麗，卻很嚴酷。處於只要有點疏忽就會被捕食的危險之中，想在海洋中延續生命留下子孫，並不是件簡單的事情。

為了要在嚴酷的環境中存活，若是大家都採用相同方法，就會彼此衝突。

例如大家都吃一樣的東西，食物馬上就會被吃完；都躲在同樣的場所，表示可能會同時被敵人找到，最後全軍覆沒而導致滅絕，這些都是很不利於生存的。

猜謎時間

古怪生物大揭密

海報上的古怪生物是什麼呢？到答案頁面去看看，揭開剪影的真面目！

WANTED
答案在130頁
雖然是魚，
卻會發出聲音鳴叫。

WANTED
答案在146頁
總是在模仿海藻。

WANTED
答案在116頁
是由爸爸負責生小孩？

WANTED
答案在122頁
用其他人的貝殼
來裝飾自己的貝殼。

在這樣的狀況中，這些海洋生物經過漫長的歲月，個別適應出和其他生物不同的存活手段，牠們選擇的道路，不論哪條路線都是正確的，也都充滿了魅力。

每種海洋生物都具有獨特且不可思議的個性，這是牠們為了要存活而造就出來的「演化結果」。

乍看之下，牠們表現出古怪的生態或行為，其實充滿了用來在嚴酷環境中求生存的智慧與本事。

那些海洋生物令人憐愛的古怪樣貌，配上一些令人感動的軼事，請慢慢觀賞，保證讓你看得笑中帶淚。

歡迎來到充滿歡笑和感動的怪奇世界！

變異古怪的動物在第三章（第106頁）GO!

目次

第1章 變態

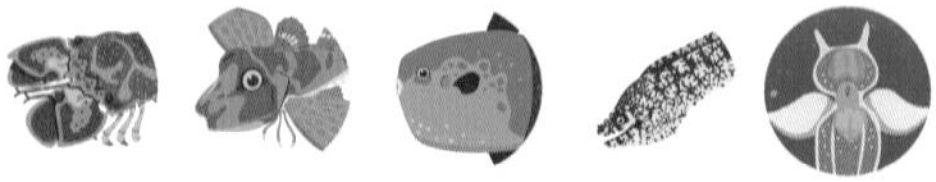

第2章 變身

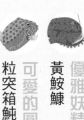

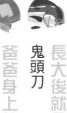

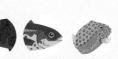

- 在本書中登場的生物資訊（大小和棲息地等），是以許多文獻、研究資料、作者的飼育觀察紀錄和採訪紀錄等為基礎記載的。
- 除了有註釋的部分以外，大小是以成魚、成體的尺寸表示。不過實際上的生物會有個體差異，數值是大略的參考。
- 魚類的大小是以全長（從身體的最前端到尾鰭凹進去的後端為止）和體長（從上顎的前端到脊椎骨的最末端為止）等表示。

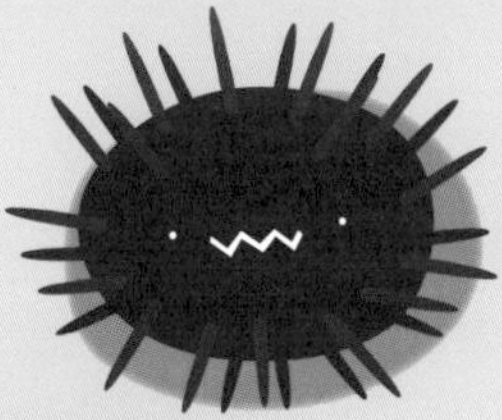

第 1 章 變態

我們在海裡變態

雖然昆蟲的「變態」每個人都很熟悉，
但是你曾看過海洋生物的變態嗎？
本章將公開不為人知的海洋生物變態狀況，
現在就讓我們來看看牠們是如何配合生活型態，
來改變身體結構吧！

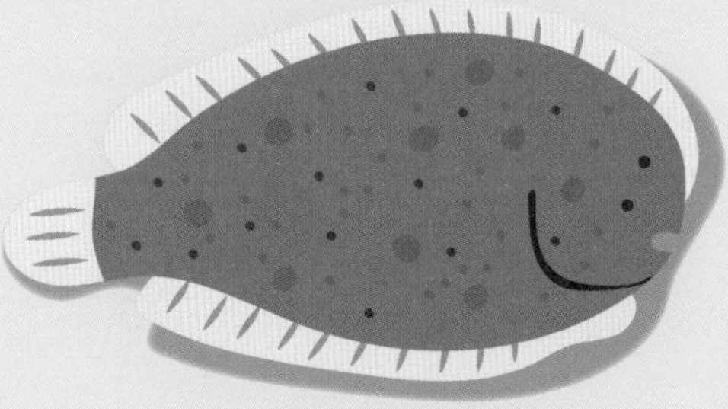

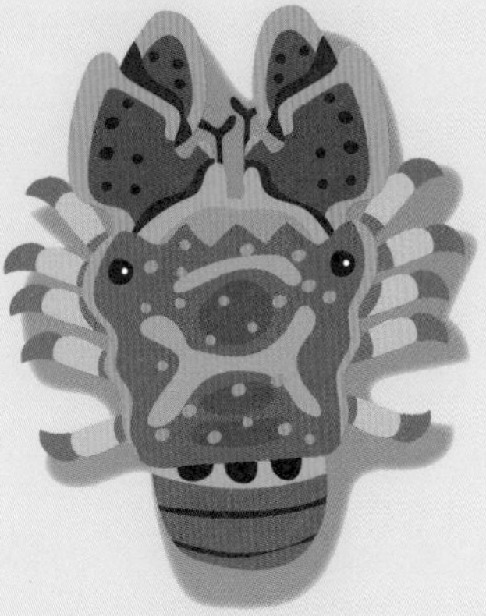

動來動去好有趣！翻頁卡通①

裸海蝶的進食

裸海蝶

變態度 MAX!

第1章 變態

以前身上原本是有貝殼的

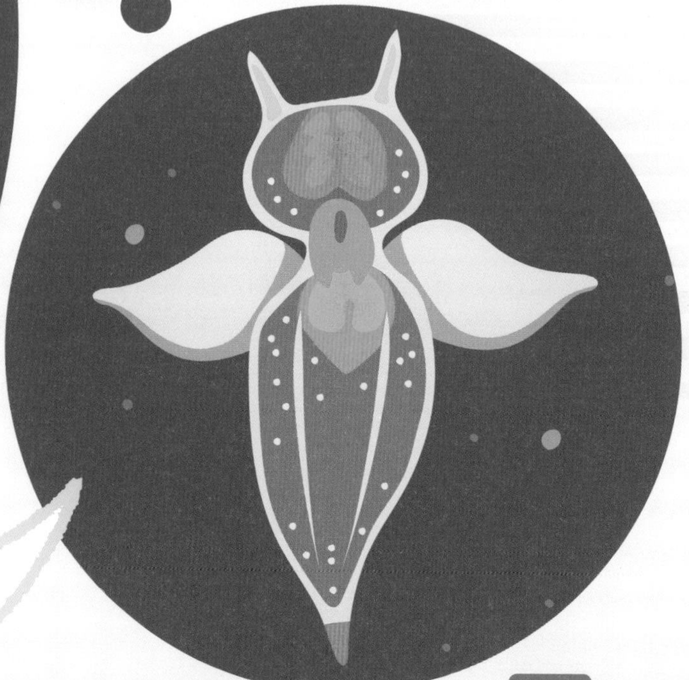

學名	*Clione limacina*
分類	腹足綱・裸殼翼目・海若螺科
大小	體長2～4cm
分布地	從日本的北海道到東北、環繞北極圈的北太平洋、北大西洋

生物小筆記

在海裡冉冉游動的裸海蝶，其實是種**腹足類**（螺），牠身上的貝殼會隨著成長而變態退化，以方便在水裡游泳。不僅如此，在成熟之後，裸海蝶還會再大變身。在捕獲到最喜歡的貝類（蟠虎螺）時，原本天使模樣的裸海蝶頭部會裂開，外翻吻內的六根**口錐**來攫取獵物，彷彿轉瞬變成惡魔一般。附帶一提，「裸海蝶」的學名是源自希臘神話中的女神克麗歐。

等等！
還沒變裸身哦！
形狀像壺的貝殼，到了成體就會消失。
幼體

為什麼要用「裸海蝶」這樣的名字叫我啦！我誕生的時候**可是有穿著貝殼的呢！**用「裸」字形容我真是太失禮了。

不過，**要是身上一直帶著像貝殼那樣重的東西，不是會讓行動很不方便嗎？**所以在長大以後，**我就斷捨離掉了，這樣比較輕鬆。**

關於「流冰天使」這個暱稱我很喜歡，看起來人類似乎懂得我的魅力所在。在水族館中我也很受歡迎，由於人類總是盯著我瞧，所以得時時保持高雅姿態才行。啊！等一等，**那不是我最愛吃的蟠虎螺嗎？**不、不行，我得維持優雅形象。哦！不，撐不住了、先吃再說吧！（咔滋咔滋）

裸海蝶的變態大圖解！

第1形態

剛誕生的裸海蝶身上具有壺狀的貝殼，為海螺家族成員，這個時期稱為**面盤幼體**。身體的大小為0.1～0.15mm。

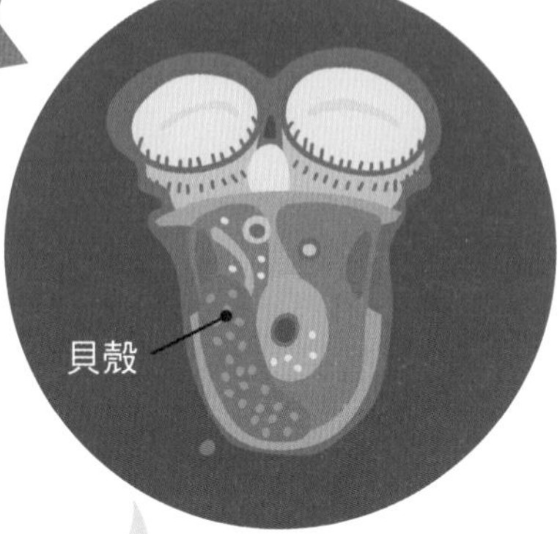

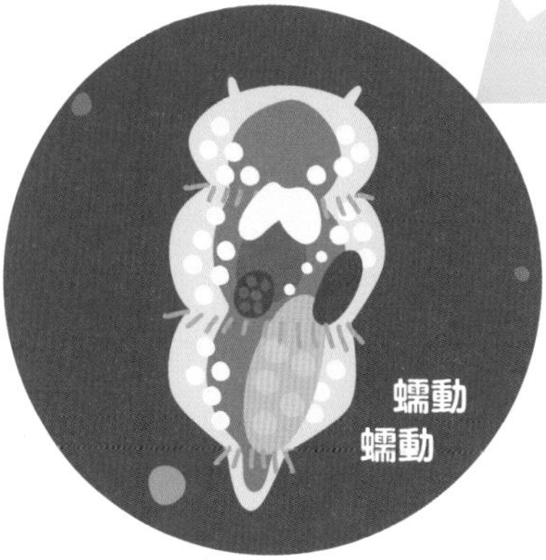

第2形態

約兩星期後，身上的貝殼消失，成為**多輪形幼生**。此時會用長在身體表面的細毛（纖毛）蠕動游泳。身體的大小約0.5mm。

裸海蝶的變態

剛誕生的時候明明身上有貝殼，但卻會隨著成長過程而消失，是裸海蝶變態時的最大特徵。牠們選擇用失去貝殼來換取活動的自由度。此外，食性也會隨著成長產生變化，在第一形態的時候是吃植物性浮游生物，但是到了第二形態之後，就會轉變成肉食性。

●研究資料協助：中川至純（日本東京農業大學生物產業學部教授）

在進食時，裸海蝶的頭部會裂開，**口錐**會順勢伸出捕食獵物。

吃東西的時候

第 4 形態

這就是變態！

然後……

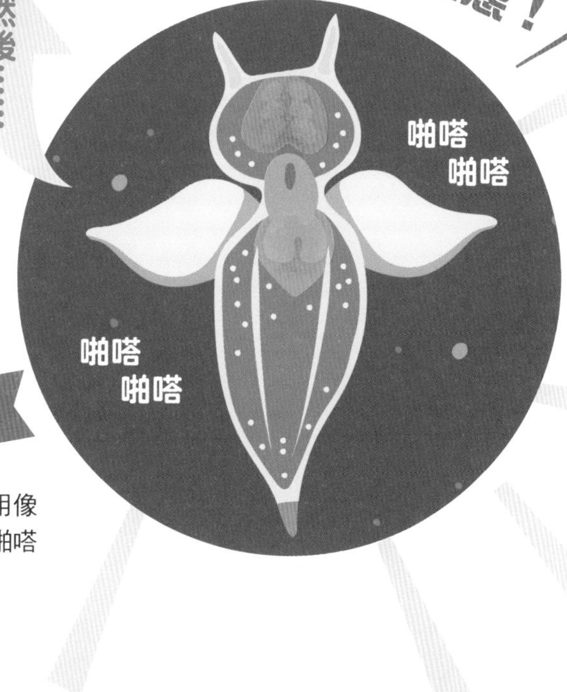

第 3 形態

成體之後，開始使用像翅膀的**翼足**，啪嗒啪嗒的邊拍打邊游泳。

第1章 變態

蠕紋裸胸鯙

變態度

以透明的身體在水裡漂流

成體

學　名	*Gymnothorax kidako*
分　類	硬骨魚綱・鰻形目・鯙科
大　小	全長80cm
分布地	臺灣、西太平洋沿岸岩礁區域

生物小筆記

蠕紋裸胸鯙和鰻魚、繁星糯鰻等所屬鰻形目魚類的稚魚，稱為**柳葉幼生**。柳葉幼生在日文中有「小頭」的意思，魚如其名，和頭比起來，身體又寬又透明，看起來就像是**葉脈標本**一樣。我曾經在夜晚的漁港中發現過很明顯的細長柳葉幼生，由於不知道是誰家的孩子，所以嘗試在家裡養養看，一段時間後它長成很帥氣的蠕紋裸胸鯙了，我也因此留下貴重的觀察紀錄。

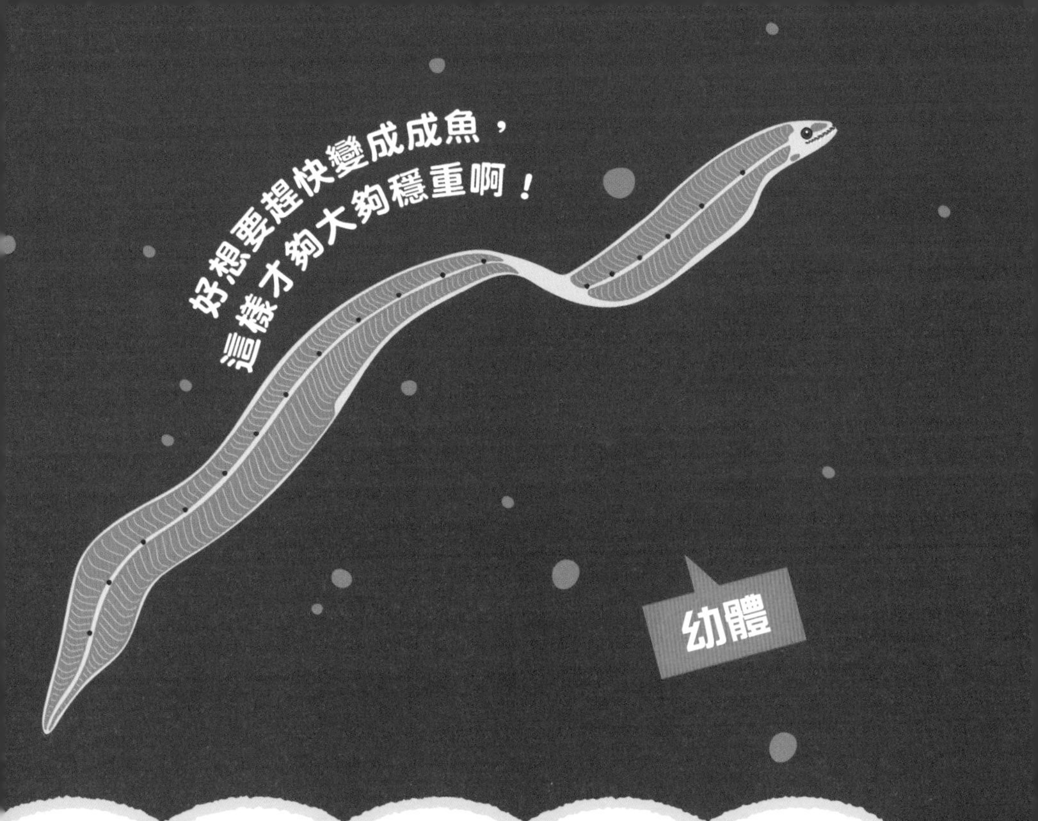
好想要趕快變成成魚，
這樣才夠大夠穩重啊！
幼體

不要這樣緊盯著我啦！就算我已經習慣被憧憬羨慕的眼神盯著看，也還是會害羞的，呵呵呵！不過，像我這樣總是從容冷靜的存在，看久了，是否讓你漸漸從憧憬轉為恐懼了呢？

我以前總是搖搖晃晃，以透明扁平的身體順著水流，在廣闊的海洋中漂流著。雖然現在已長成會帥氣威嚴的在岩石縫隙中坐鎮的成魚，但那段在水裡漂流的孩提時光才是我光輝的青春。正是因為有那個時候，現在才能如此充滿自信的活著，所以你也是，照你現在的模樣就好……

喂！等一下，我的話還沒講完，你也太早把我的話當成耳邊風了吧！

第1章 變態

蠕紋裸胸鯙的變態大圖解！

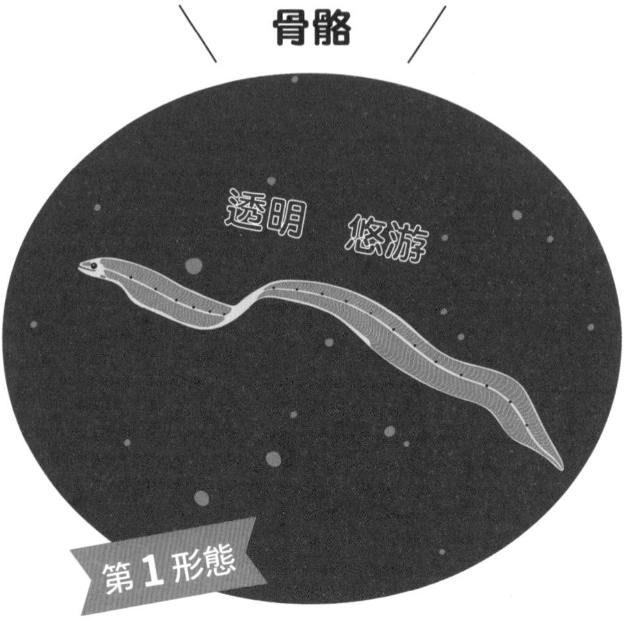

透明的像是扁平寬麵般姿態的**柳葉幼生**，並非只會順著水流漂流而已，也會扭動身體游泳。在身體的側面有一條帶狀、由黑色斑點組成的線。全長約11cm。

蠕紋裸胸鯙的變態

蠕紋裸胸鯙的變態是來自生活型態的變化。一般認為由於柳葉幼生會順著海流漂流，為了增加對水的阻力，牠們讓身體的表面積變大。而幼生時期的身體之所以透明，則是為了不讓敵人發現。成魚之後因為會在岩石間生活，就變態成結實魁梧的體型。

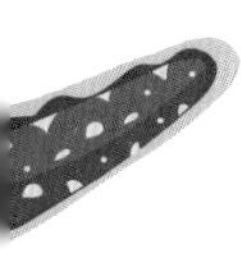

第3形態

成體之後，身體變粗、變成焦黑色的底色並帶有斑駁的條紋模樣，嘴能張得很大，嘴中還有成排的銳利牙齒。

第2形態

變成幼魚之後，身體就變成茶色而且細長、接近成魚的體形。雖然絕大部分的魚身體會隨著成長而變大，不過鰻形目魚類則是改變身體寬度，逐漸變窄變細。全長仍為 11cm。

翻車魨

變態度

幼魚時期全身都是刺

學名	*Mola mola*
分類	硬骨魚綱・魨形目・翻車魨科
大小	全長3.3m
分布地	全世界的溫帶到熱帶的遠洋表層

生物小筆記

說到翻車魨，總會浮現牠們以光滑身體在大海中悠哉游泳的模樣，但翻車魨幼魚時代的外形和成魚截然不同，**外觀就像是充滿星芒的星星糖**。因為幼魚的游泳力不強，因此需要用這樣的帶刺身體來保護自己。**翻車魨的產卵數目是魚類界的第一名**，一般認為雌魚一次約能產下 3 億顆的卵，但大海中卻沒有因此充滿翻車魨，是因為大部分的卵都被吃掉，能夠長大成魚的只有非常少的個體而已。

別看我現在大塊頭、一副傻傻的模樣，以前的我無論個性或外觀可都是很尖銳的，我總是會露出我的刺，給其他的魚下馬威，嚇唬嚇唬牠們。這是因為即便戰鬥，幼弱的我也是不可能會贏的。為了不被敵人吃掉，只好用外觀來騙退敵人。

縱然如此，我的同伴還是陸續被吃掉了，看來我們的刺沒什麼效果呢！我想可能是因為身體太小，沒有辦法充分展現厲害之處吧！

在這樣的過程中，我幸運的長到了這麼大。現在的我，已經沒有什麼好怕的了……雖然想要這麼說，卻變成會為小小的寄生蟲困擾，人生啊……

翻車魨的變態大圖解！

第1形態

身體圓圓的，全身被**大刺**包覆著，很像星星糖。沒有尾鰭，上下有背鰭和臀鰭。全長約5mm。

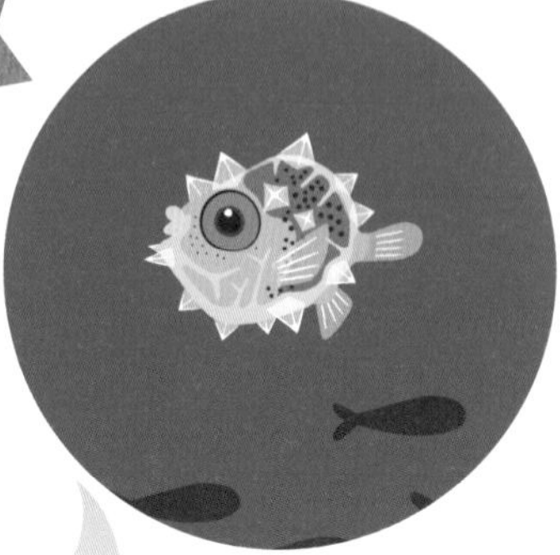

第2形態

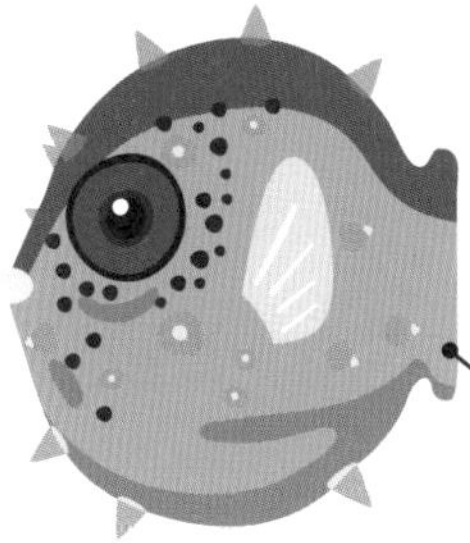

身體朝縱向變長，相對於身體的大小，全身的刺就變小了。雖然沒有尾鰭，卻開始長出**舵鰭**。全長約1.5cm。

翻車魨的變態

從刺刺的外觀變態成為扁平身體的翻車魨，在第三形態時腹部會極端膨脹，但成長之後則會消掉的這一點，令人感到不可思議。此外，翻車魨沒有大多數魚都有的尾鰭，取而代之的是用來改變方向用的舵鰭。為了要能夠保持平衡的游泳，背鰭和臀鰭很對稱的發達變長。

這就是變態！

原本膨脹鼓起來的腹部消掉了，背鰭和臀鰭長長的伸展，舵鰭也發達變大。

咚！

第4形態

第3形態

身上的刺幾乎消失不見，腹部大大的鼓起來，舵鰭的形狀變圓，和背鰭及臀鰭相連。全長約6cm。

噗咕

第1章 變態

棘黑角魚

變態度

醜小鴨變天鵝

成體

學名	*Chelidonichthys spinosus*
分類	硬骨魚綱・鱸形目・角魚科
大小	體長40cm
分布地	臺灣澎湖、西北太平洋的砂泥底質水域

生物小筆記

展開像**翅膀般的胸鰭**在海底行走的棘黑角魚，並不是昆蟲，而是魚類。在稚魚時期會在海面附近浮游，到了初春就很常在漁港出現。演化成像腳的鰭，前端有稱為**味覺接收器**的器官可以感知味道，讓牠們邊在沙地上行走，邊尋找甲殼類或貝類、沙蠶等的食物。據說日文名是從「爬行的魚」變化而來，其他還有因為會「到處走來走去」或會發出「啵——啵——」叫聲的各種說法。

我可不是昆蟲！我，是魚！雖然很像，但昆蟲身上有長翅膀吧？請看看我，**我身上的可是胸鰭，能展開像翅膀般的華麗胸鰭是我的驕傲**；而且你看，昆蟲在飛行不久之後，不是都會降落到地面上嗎？我也是能在瀟灑的游泳後著陸到海底……啊！不、其實我小時候並不美麗，**以前的我身體顏色很不醒目，整天輕飄飄的在海裡浮游**，我的變態過程就是「醜小鴨變天鵝」。

另外，昆蟲不是左右各有三隻腳嗎？我左右也各有三隻腳，**腳尖還具有「味蕾」**能用來嘗味道！所以，光是在海底步行就能夠發現食物……咦！這樣說來，難道我真的是昆蟲嗎（驚）？

第1章 變態

棘黑角魚的變態大圖解！

浮游生活期的稚魚，身體是黑色的。胸鰭和身體平行，部分的鰭會漸漸變化成像腳一樣的構造，但此時尚未發育完全。全長約 1.5cm。

棘黑角魚的變態

行浮游生活的稚魚，體表是不醒目的黑色。成長過程中，胸鰭會逐漸像翅膀般的展開，部分鰭會發達成像腳那樣的能在海底行走生活。成魚在被敵人攻擊時會張開鮮豔的胸鰭，這對恫嚇敵人很有幫助。配合生活型態的變化，身體的構造和保護自己的方法也會有所改變。

這就是變態！

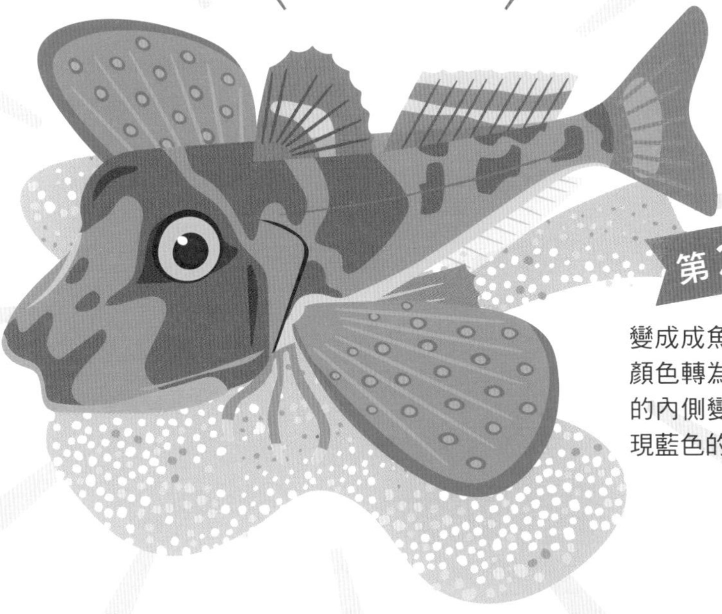

第3形態

變成成魚之後，身體顏色轉為偏紅，胸鰭的內側變成綠色，出現藍色的滾邊。

第2形態

已經在底部著陸的幼魚，如腳般的鰭已經發育完成。胸鰭展開，內側朝向上方。身體雖然偏黑色，不過胸鰭內側開始出現藍色圖案。全長約4cm。

鱗突擬扇蝦

變態度

小時候會把水母當坐騎

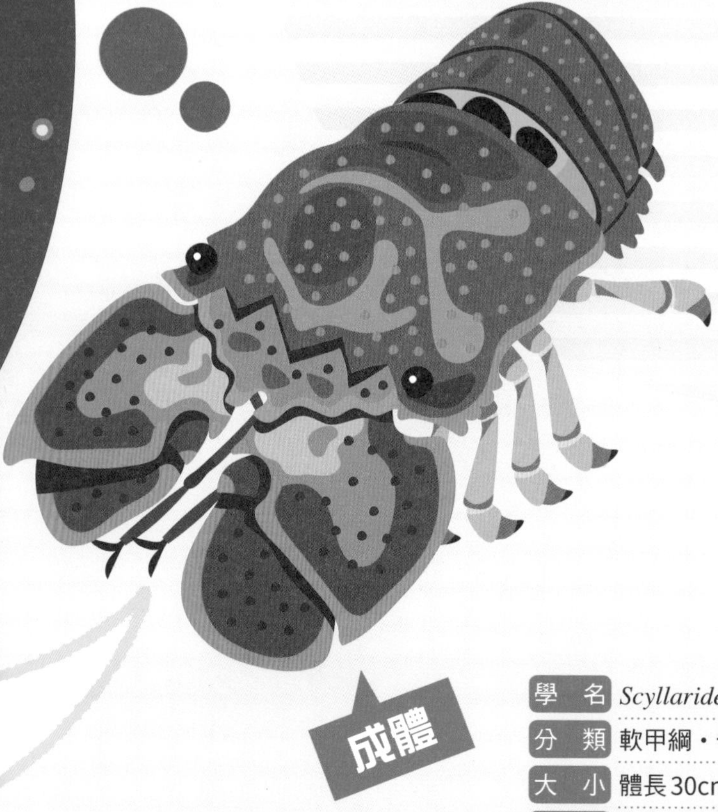

學名	*Scyllarides squammosus*
分類	軟甲綱・十足目・蟬蝦科
大小	體長30cm
分布地	臺灣、印度至西太平洋

生物小筆記

由於蟬蝦科的幼生（幼蝦）會把水母當交通工具，所以稱為「**水母騎士**＊」。牠們並非單純只把水母當成坐騎，似乎也會當食物，真是狡猾！成體的鱗突擬扇蝦會變成**夜行性動物**，白天躲在岩石的陰影處，夜晚再出來尋找食物。順便一提，鱗突擬扇蝦是「蟬蝦」科的一員，因為成體的外形和蟬很像。此外，雖然龍蝦較有名，不過鱗突擬扇蝦也是高級食材，在臺灣俗稱「蝦姑頭」。

＊並非所有的蟬蝦類都被確認會騎乘水母類。

來說說我還是個毛頭小伙子時的往事吧！當時還自詡為騎士的我，經常和夥伴一起在深夜的海面上奔馳，可惜我的愛車是海月水母，實在很慢，不過慢歸慢，畢竟還是比自己游泳要來得輕鬆，不像那些海裡的其他生物只能賣力划水，這種土包子的行為，我才不幹呢！

不過長這麼大，我也變得圓滑多了，不、應該是說我的個性變得穩重踏實了吧！從愛駒下來，開始一步步踏出自己的人生之路。

不過啊！或許我還殘留著一點青春期的反叛心態，白天總是滾來滾去的睡覺，在夜晚跑出去玩，這樣算嗎？

第1章
變態

鱗突擬扇蝦的變態大圖解！

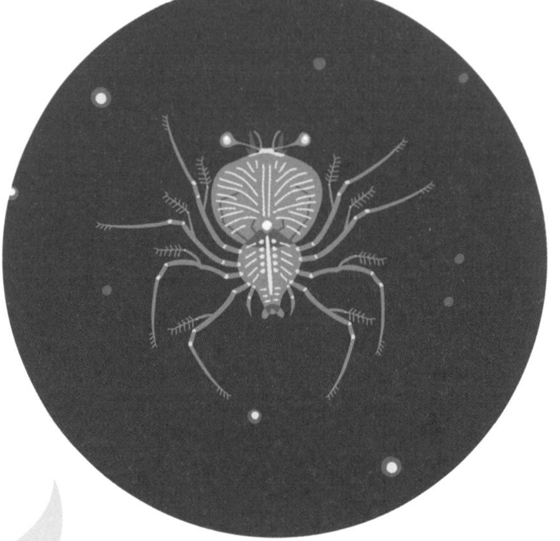

第1形態

葉形幼體時期，會以透明扁平身體行浮游生活。曾被觀察到搭乘水母移動的狀況（參照第33頁）。身體的大小約5cm。

鱗突擬扇蝦的變態

扁形輕薄的身體、向外突出的眼睛，簡直就像是外太空生物般的葉形幼體，很適合順水漂流，即使沒有搭乘水母便車，也能夠浮游度日。由於不易飼養，所以從葉形外形變態為幼體的過程，至今仍是謎團，最後成體會長成容易融入岩石背景的顏色和體型。

●研究資料協助：若林香織（日本廣島大學大學院統合生命科學研究科副教授）

第3形態

成體的身體變成紅棕色，厚度也增加了。除了游泳之外，平常是把尾部往腹側摺疊步行。

第2形態

從浮游生活移往海底活動的中間階段，稱為 nisto **幼體**。雖然形狀已經接近成體，身體卻仍舊是透明的，大小約3.5cm。

海月水母

變態度 🐟🐟🐟 MAX!

第1章 變態

小寶寶時期是在岩石上生長

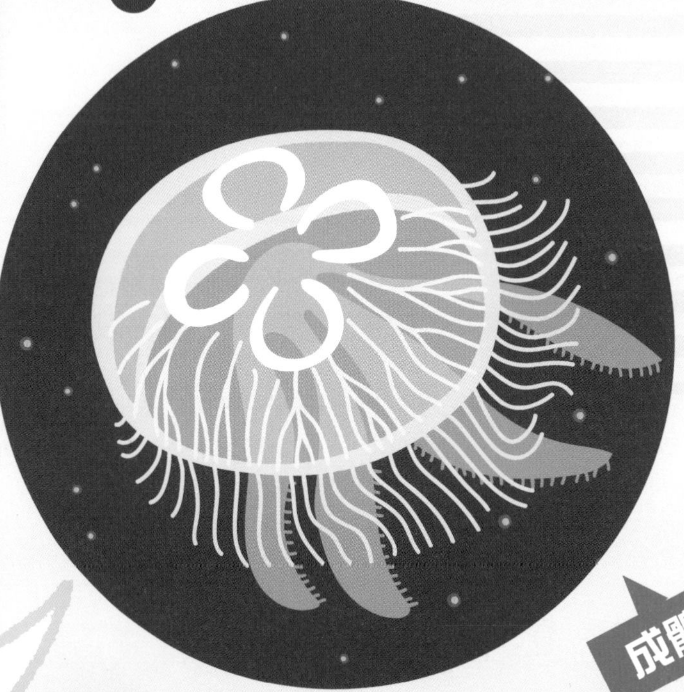

學　名	*Aurelia aurita*
分　類	缽水母綱・旗口水母目・羊鬚水母科
大　小	傘的直徑 10～30cm
分布地	全世界

生物小筆記

只要到了夏天，就會在漁港大量現身的海月水母，雖然觸手短、不是太危險，但仍具有毒性，若是接觸皮膚嬌嫩的部分還是會感到痛，所以**即使看到牠們也不要去碰觸**。水母沒有心臟，取而代之的，是以開闔牠們的「傘」來把營養和氧氣送至全身，因此整個身體就像是顆心臟，雖然**95%以上是水分**，不過全身的構造卻沒半點沒用的機能。

♪回過神來，
發現自己已
固定在岩石上生長
我是植物嗎？
不、我小時候
可是浮游生物♪
幼體

♪這是哪裡？我是誰？
剛出生時咕嚕咕嚕的游水，
回過神來，發現自己已固定在
岩石上生長，
我是植物嗎？
不、我小時候可是浮游生物。
♪這是哪裡？我是誰？
分裂再分裂，
咻的脫離岩石，
長大後的我們相繼離開。
我是動物嗎？
沒錯，我真真切切屬於動物。
♪不論是被鱗突擬扇蝦當坐騎，
或被小魚又啄又戳，
既不抱怨、從不逃走，
總是飄飄然的過日子。
沒錯，我會在海裡不停的游動
我是水嫩水嫩的海月水母。

第1章 變態

海月水母的變態大圖解！

第1形態

稱為**浮浪幼體**的時期。橢圓形，以動作身體表面的細毛（纖毛）來迴轉活動。身體的大小約0.2mm。

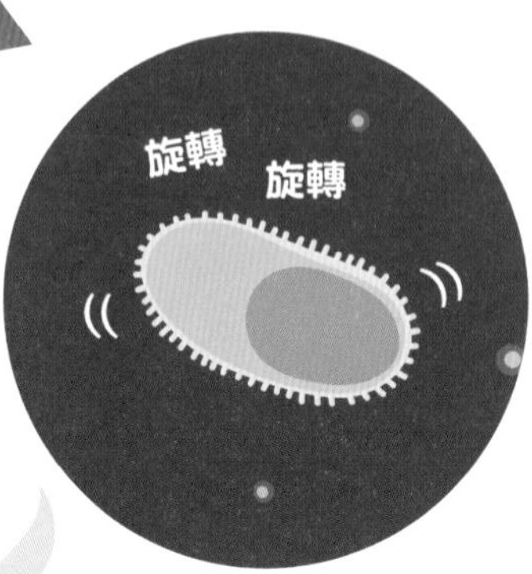

在岩石上固著

第2形態

當浮浪幼體附著到岩石上後，就會成為很像海葵般的**水螅體**，以觸手捕捉浮游生物進食。身體的大小約2mm。

海月水母的變態

明明是動物，卻有一段時期固著在岩石上的海月水母，若以植物來比喻，可以把水螅體想成是花苞的狀態，橫裂體則是花開的狀態，而花瓣脫落後就開始游動這一點令人莞爾。雖然在成體的有性生殖*時會產生浮浪幼體，但是在水螅體或橫裂體的階段則能夠以無性生殖*來增加自己的複製。

＊以雄性和雌性的生殖細胞結合來增加後代。

＊就像分身術一樣，用自己的部分身體來複製增加後代。

這就是變態！

到成體時就出現傘狀構造，周圍排列許多纖細的觸手，傘狀體中央的圓形物體，是製造生殖細胞的器官（生殖腺）和胃。

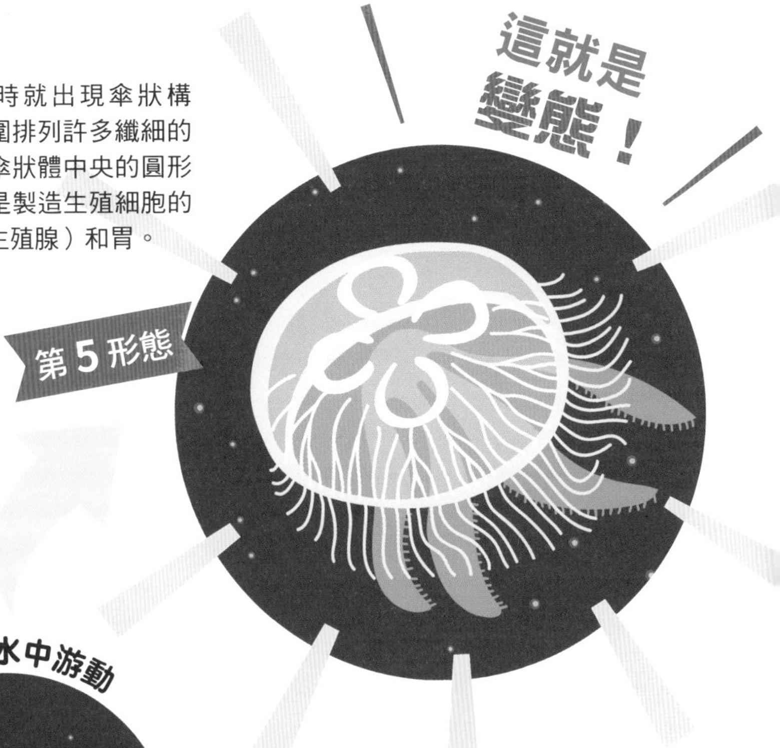

再度在水中游動

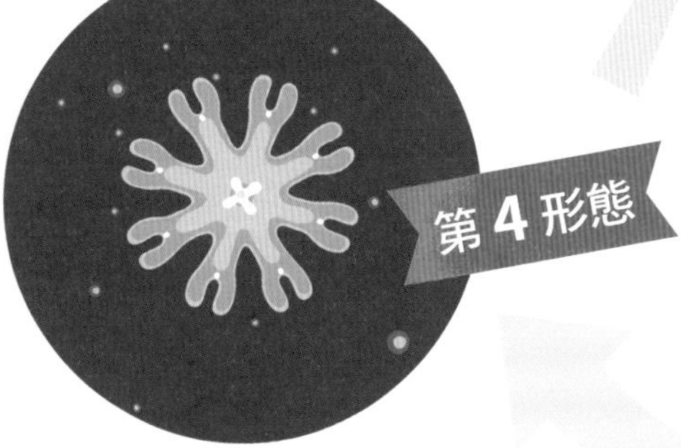

橫裂體一片片剝落，成為**蝶狀幼體**，此時身上有8根觸手，仍以浮游生物為食。身體的大小約5mm。

用分身術複製自己

觸手被吸收，成為像是幾片花瓣重疊在一起般的**橫裂體**。整體片數逐漸增加，開始活動。身體的大小約5mm。

海膽

變態度 MAX!

長大後才會變得全身刺刺的

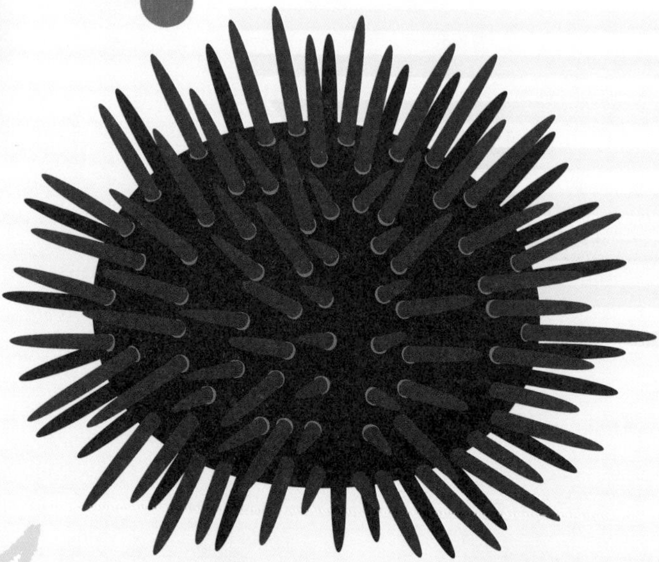

成體

中文名	紫海膽
學　名	*Anthocidaris crassispina*
分　類	海膽綱・海膽目・長海膽科
大　小	殼徑約 5cm
分布地	中國東南沿岸、臺灣、南韓和日本沿海

※部分頁面是以特定物種作為代表來介紹整個族群，因此會列出中文名。例如本頁是以紫海膽來介紹海膽這類生物的習性。

生物小筆記

雖然一說到海膽，就想到牠們的刺，但在刺和刺之間其實還**長著許多稱為管足，很像腳的東西**。管足的前端能像吸盤般的吸附物體，因此就用這方式來行走。**身體是呈 5 個方向的輻射狀構造**，口部位於接近地面的下側正中間，由於沒有相當於頭的部分，所以過去認為海膽沒有前後區別。不過在最近的研究中得知海膽的前進方向，並知道刺的長度也是前後不同。

等長大後 就會變成刺球

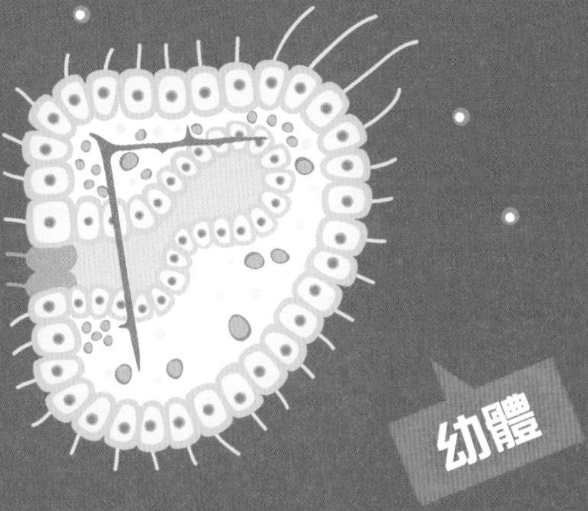

你是不是一直覺得我是顆刺刺的圓球呢？嘿！沒想到吧！**我小時候的外觀可是像個三角飯糰那樣的三角形**，長大之後，才變成現在這種形狀。

不過，更意外的是，**我其實是五角形唷！**由於被刺遮住才不容易被發覺，只要仔細看，我的骨骼和內部構造都和海星一樣朝五個方向展開，所以別再以為我是顆圓球了。

啊！你現在一定偷偷的想我是個沒有前後左右分別的動物吧！因為我看起來好像沒有臉，就沒有前後區別。

哼！才不是。**我其實有前有後**，也有固定的行走方向，可不是隨便亂走的唷！

海膽的變態大圖解！

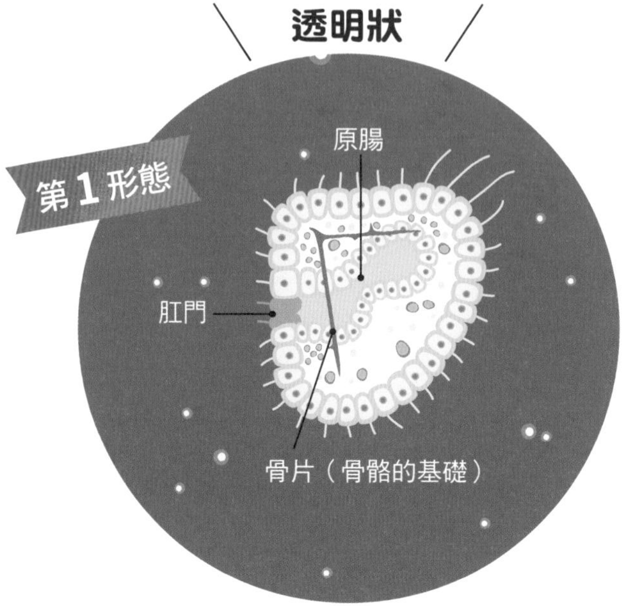
透明狀
第1形態
原腸
肛門
骨片（骨骼的基礎）

像三角飯糰那樣的，帶點圓的三角形姿態稱為**稜柱幼體**，袋狀的原腸延伸製造出口部。稱為骨骼的基礎的骨片開始發達。身體的大小約0.15mm。

海膽的變態

身體的構造會不停變化的海膽，因為操作上不容易失敗，所以在學校做發育生物學實驗時經常使用，雖然主要是用在觀察卵的細胞分裂，不過在那之後的變態狀況也引人入勝，從口部的形成、剛誕生時模樣、接著外表變成三角形、然後再長出刺的整個過程都極具戲劇性，讓人感到生命的奧妙。

●研究資料協助：坂本尚昭（日本廣島大學分子遺傳學研究室副教授）

這就是變態！

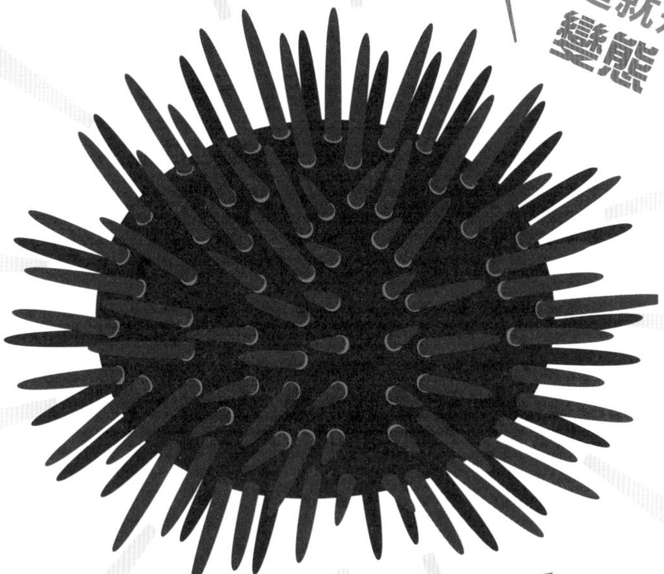

整體被偏黑的紫色刺覆蓋的成體，身體下側的正中央是口部、上側的正中央為肛門，附著於岩石等地方生活。

第3形態

腕逐漸增加

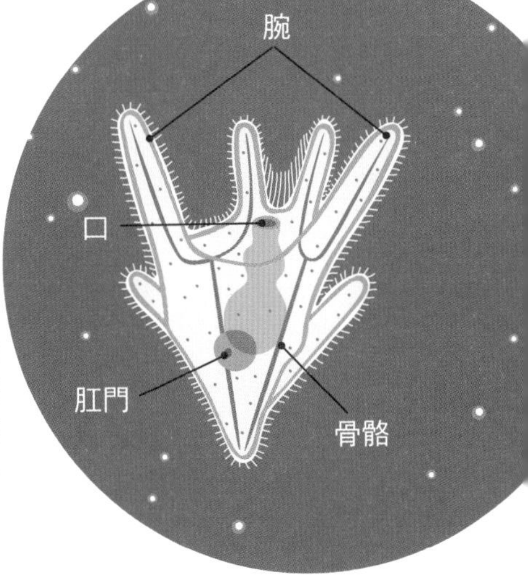

第2形態

接著再變成尖銳三角形的**長腕幼體**。隨著成長，稱為腕的構造也隨之延伸，此時的小海膽邊在海中漂浮，邊吃植物性浮游生物成長。身體的大小約 0.2～0.8mm。

海鞘

變態度 MAX!

小時候是擺動尾巴游泳

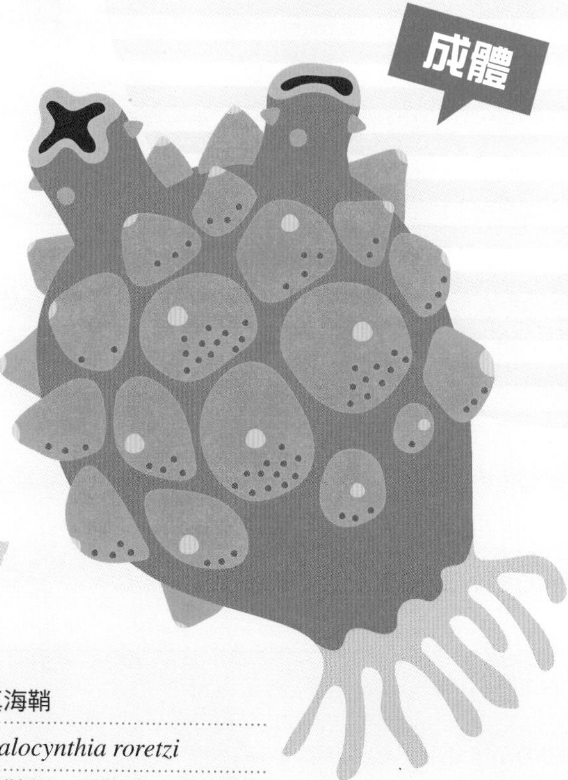

中文名	真海鞘
學　名	*Halocynthia roretzi*
分　類	海鞘綱・側性目・腕海鞘科
大　小	體長15cm
分布地	全世界

生物小筆記

看起來像是粗糙凹凸不平的堅硬植物，其實是具有各種臟器（除了心臟）的帥氣動物，以「**海中鳳梨**」的名號被視為珍味的海鞘，據說是能讓人一次同時品嘗五種味覺基本要素（甜、鹹、酸、苦、鮮）的珍貴食材。由於是以開闔十文字形的入水孔來吸入海水，再攝取其中的浮游生物或牠們的殘骸碎屑等，所以也以**能夠讓海水變乾淨的生物**而受到注目。

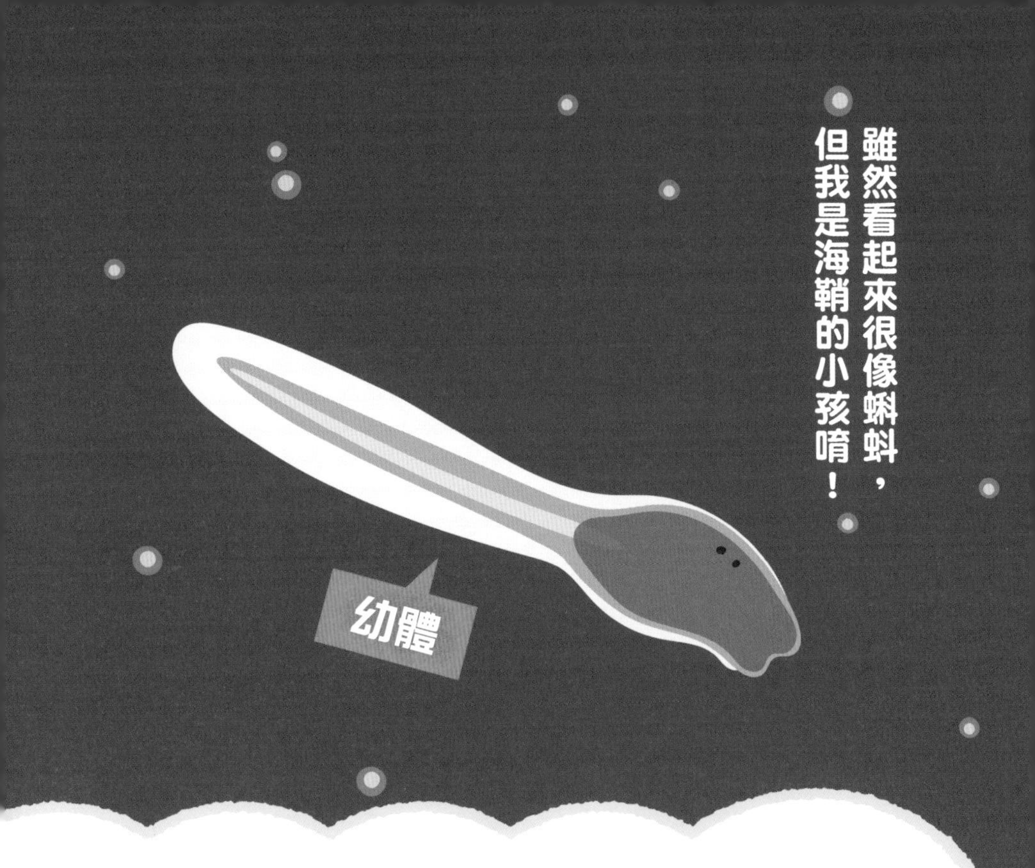
雖然看起來很像蝌蚪，
但我是海鞘的小孩唷！
幼體

怎麼回事？世界上居然有人想吃掉我這種**看起來像飾品的東西**？明明海裡有那麼多看起來更好吃的生物，和牠們比起來，我就只像是品味很糟的收藏者所擁有的古董而已。

咦！你問我是不是打從出生起就長得像現在這個樣子？沒啦！小時候的模樣和現在完全不同呢！雖然現在看起來像乏味古董，但我小時候可是**長有尾巴**，**能自由擺動的游來游去呢**！只是附著到岩石上之後，身體的構造變化劇烈，**尾巴被吸收，最後形成現在的模樣**。

換句話說，如今尾巴的痕跡已經……

今後也請多多指教。

海鞘的變態大圖解！

第1形態

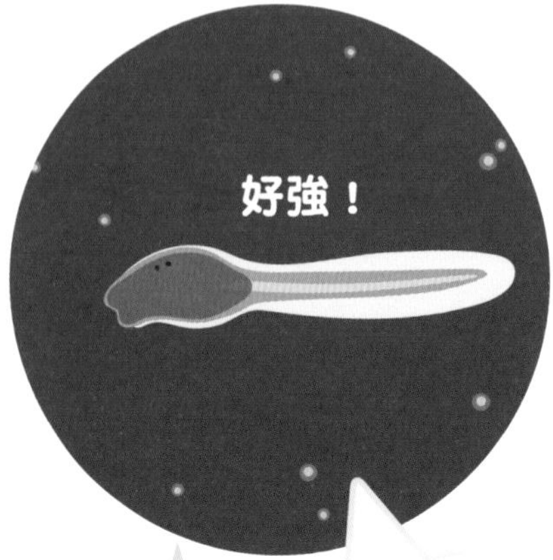
好強！

幼生的尾巴內有**脊索**（支撐身體的棒狀器官），能夠靠自己的力量游泳，牠的這種姿態，稱為**蝌蚪型幼生**。身體的大小約1.8mm。

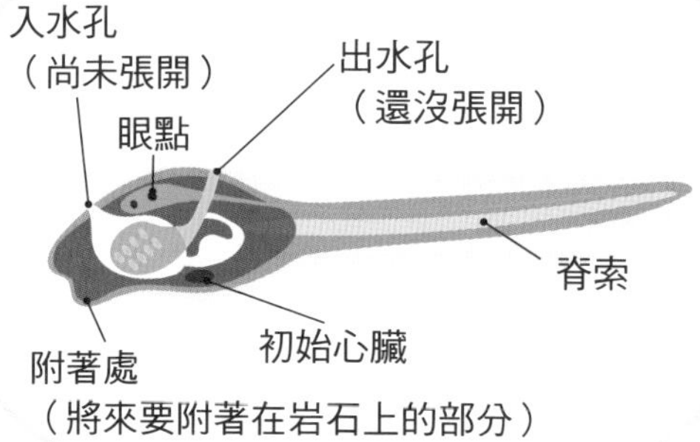
身體內部的樣子
入水孔
（尚未張開）
眼點
出水孔
（還沒張開）
脊索
初始心臟
附著處
（將來要附著在岩石上的部分）

海鞘的變態

雖然海鞘最初能像魚那樣的游泳，但只要附著到岩石上，就會像植物生根般的固定，一輩子不再移動。海鞘變態的程度非常澈底，從成體身上完全看不出幼生時代的影子，海鞘是種在同一個體的身體中同時具有雄性和雌性兩種器官的雌雄同體生物，會將卵和精子交互釋出，在海中受精，以有性生殖的方式來繁衍。

●研究資料協助：神宮潤一（日本仙台海洋森林水族館職員）

這就是變態！

第3形態

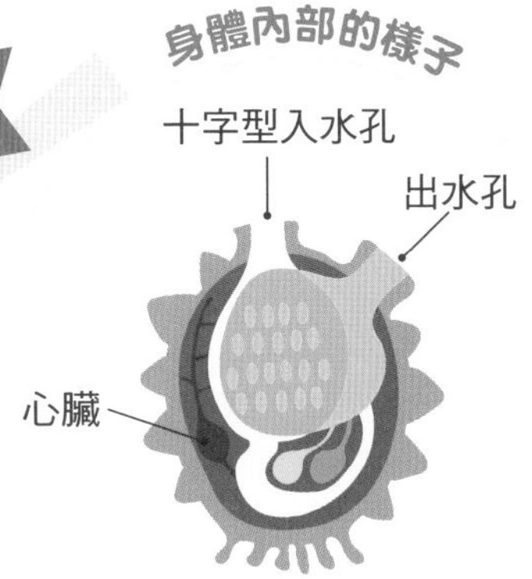

身體內部的樣子
十字型入水孔
出水孔
心臟

成體被結實的皮覆蓋，表面上有凹凸不平的突起，入水孔移動到身體的頂端、脊索完全消失，入水孔和出水孔的機能開始運作。

第2形態

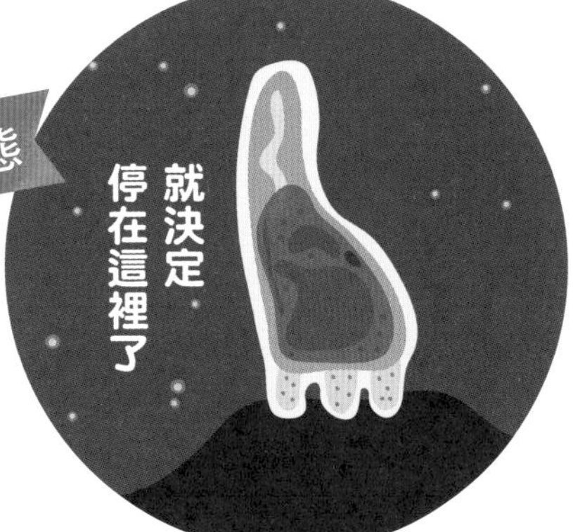

就決定停在這裡了

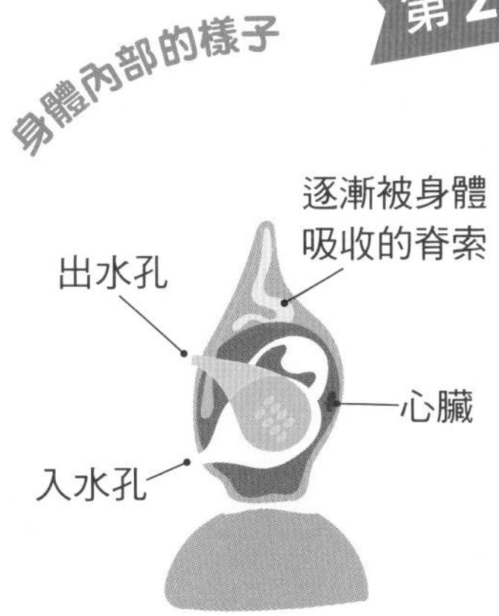

身體內部的樣子
逐漸被身體吸收的脊索
出水孔
心臟
入水孔

附著在岩石上的幼體，其尾巴會逐漸被身體吸收，需要 10 天以上的時間讓身體內部 90 度旋轉，入水孔移到上側。身體的大小約 0.35mm。

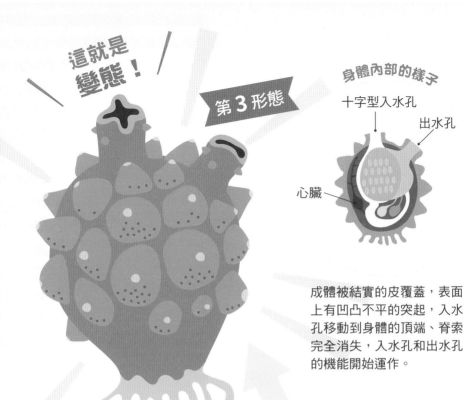

舌鰨

舌鰨 ㄊㄚˇ

變態度 MAX!

小時候眼睛和游泳方式都很普通

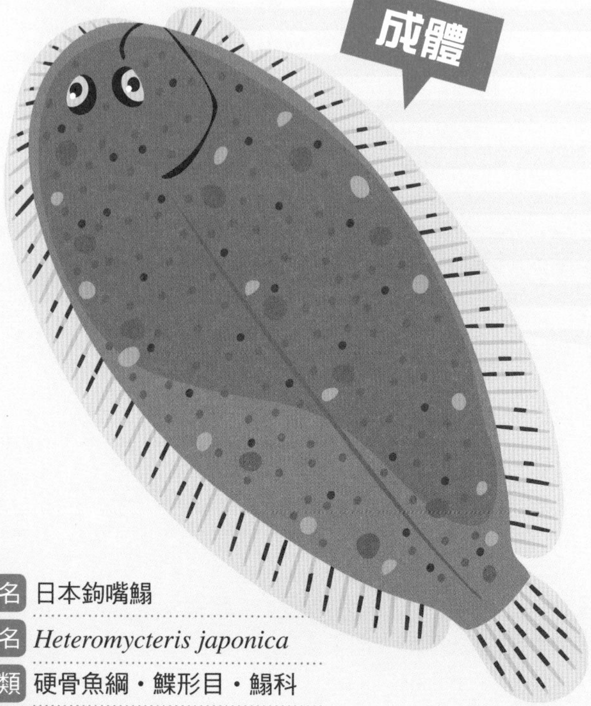

中文名	日本鉤嘴鰨
學　名	*Heteromycteris japonica*
分　類	硬骨魚綱・鰈形目・鰨科
大　小	體長14cm
分布地	全世界的熱帶和亞熱帶海域

生物小筆記

是法國料理中經常被端上桌的魚，雖然以舌鰨的名字為人熟悉，不過除了和比目魚（**牙鮃**）一樣具有眼睛移到左邊的這種共同點之外，兩者的外觀大不相同。而另一種**眼睛會移到右側**的鰨科魚兒，由於成體體型小，一般不會拿來食用。舌鰨科的魚在英文中也是稱為「tongue fish（**舌頭魚**）」，據說是由於形狀和大小看起來都和「牛舌」很像，才有了這樣的名稱。

諸君啊！你們的面前有無際的海洋，別擔心自己平凡，只要思考在廣袤的大海中該如何成長，就能創造不凡的未來。

和大家一樣是不行的，請拋棄害羞等心情，儘管向前衝吧！就像我成長中**甚至還改變了眼睛的位置**，我們的前方就是這樣充滿未知的可能性。即便環境改變，也請適應新的世界，用氣魄和靈感來跨越任何障壁，腳踏實地，活出精采華麗的生命。

有句俗諺說「寧為雞首不為牛後」*，雖然如此，請各位還**是以更高層次為目標，即便處於牛後，也要將追上牛舌的位置當作目標**。我相信你一定做得到！

*這句話是指，與其在大團體中面對許多厲害的人讓自己處於低下的地位，不如待在小團體裡成為佼佼者。

第1章 變態

舌鰨的變態大圖解！

第1形態

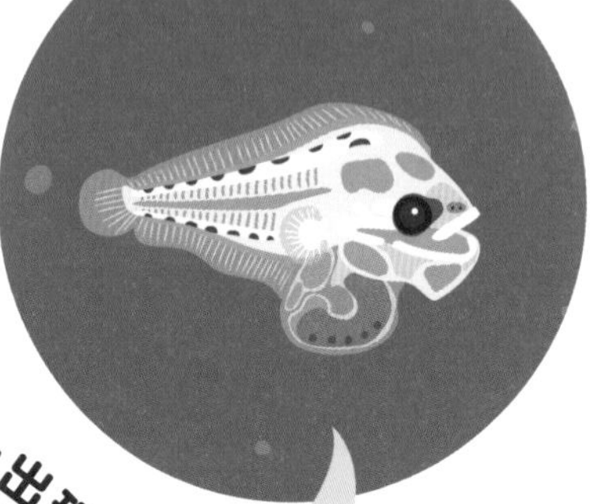

剛誕生的仔魚眼睛位於頭部的左右兩側，身體呈縱向，用和普通魚類一樣的方式游泳。全長約3mm。

第2形態

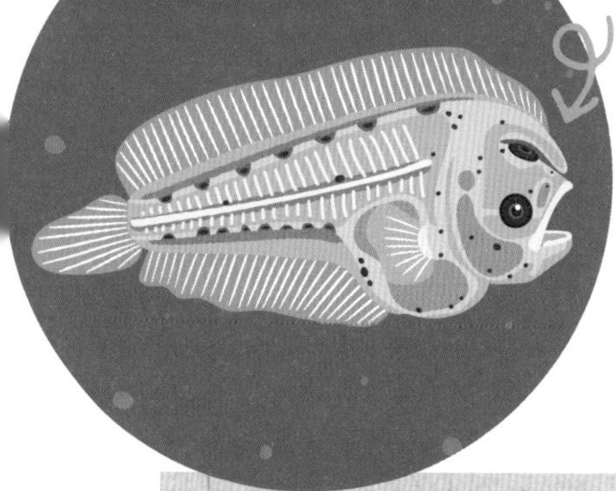

正在變態的稚魚，在頭部形成溝，**左眼會通過溝移動**，往右側靠近。全長約5mm。

舌鰨的變態

兩個眼睛會同在身體一側的比目魚類有分鮃和鰈。比目魚類（鮃）在剛誕生的時候眼睛分別位於左右兩側，以普通魚的樣子游泳。開始變態之後，一側的眼睛就會移動到身體的另一邊去。不過相對於大多數的物種只是改變臉的表面而已，一部分的舌鰨類卻是以貫穿頭部形成溝的方式來移動眼睛，真令人驚訝。

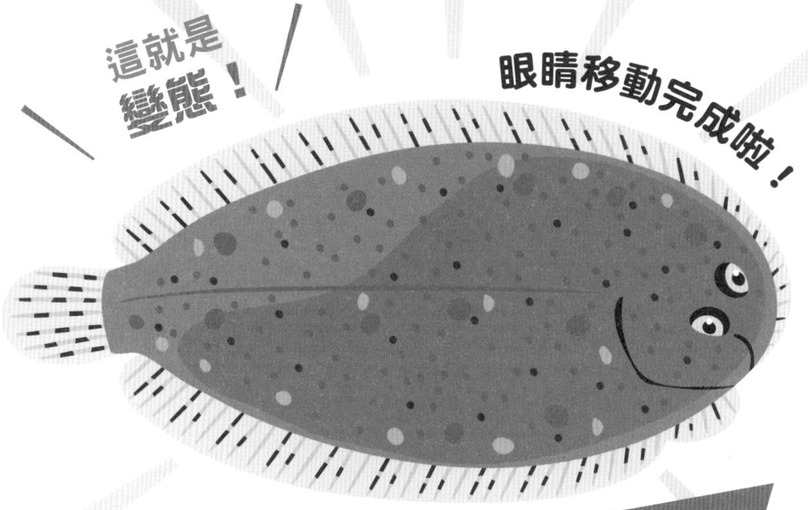

第4形態

到了成魚，身體就成為咖啡色的斑點模樣，讓牠們容易融入砂底的環境。雖然口部的位置不容易看出來，不過在進食的時候會朝下方打開。

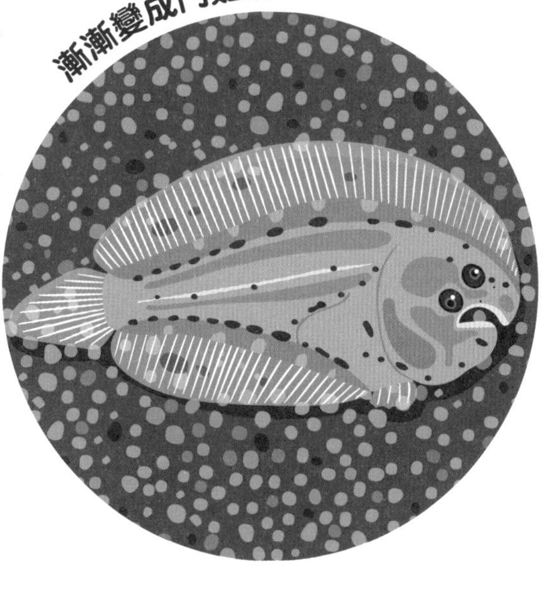

第3形態

眼睛移動結束，平躺在海底的稚魚，淺咖啡色的身體上排列著許多黑點。全長約 8mm。

帕氏裂鯨口魚

變態度 MAX!

因為變態得太過頭，過去被誤認為是不同物種

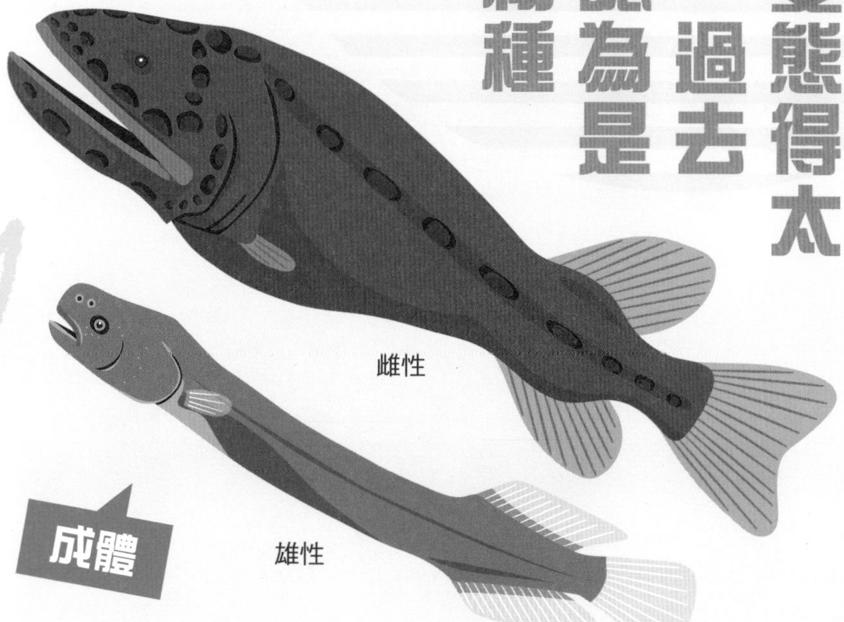

生物小筆記

雖然親子的外觀相異的魚類有很多種，但深海魚的差異程度，更是超出想像。**多年以來被認為是分屬三種不同科的魚類**：屬於異鰭魚科的莫三比克真鰻口成魚從來沒有被發現過，大吻魚科全都只找到雄性，而仿鯨魚科則只有找到雌性。但在 2009 年發表的文獻報告中，發現牠們的 DNA 幾乎完全一致，只是分別為幼魚、成體的雄魚和雌魚，證實牠們其實是同類的魚後，**統合在仿鯨魚科中**。

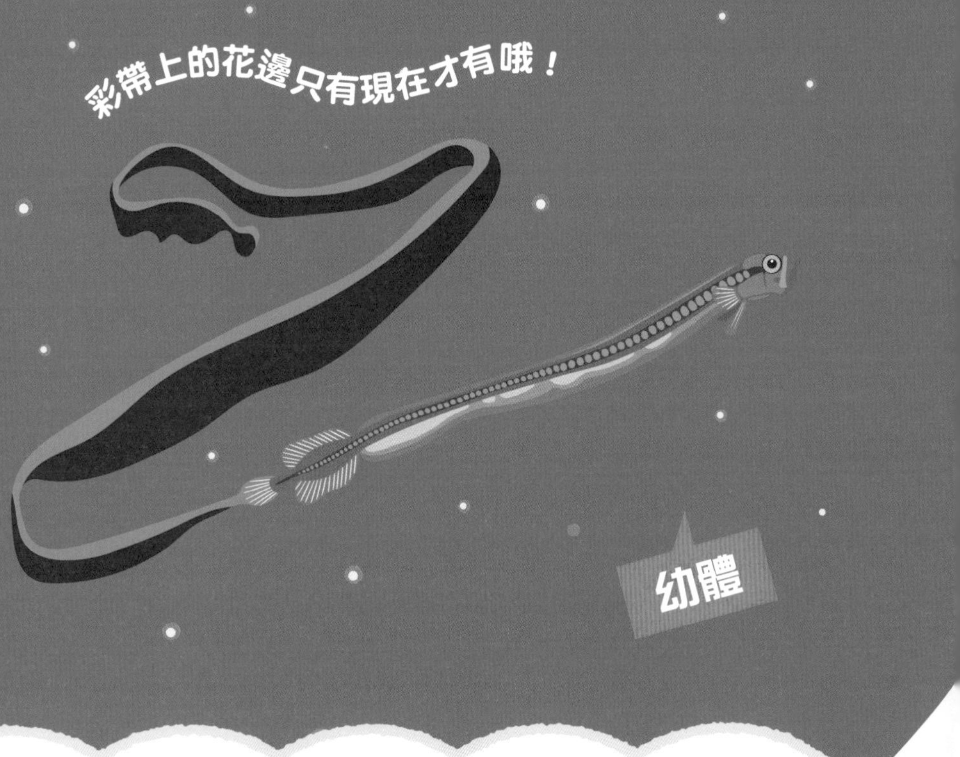

我們家的女兒，你覺得她長得比較像誰？我認為女兒當然比較像媽媽，但我老公則表明：「和爸爸我長得才像呢！」

話雖如此，周圍的大夥沒人這樣想，都覺得我的女兒既不像爸爸也不像媽媽，說她一定不是我親生的！**還去調查DNA**，才發現我們真的是一家人，這些人真是太失禮了。

話說回來，我們家原本就是親子分開生活的，**把女兒送到淺海後，我們就只能在深海遠遠的為她加油，看她在新體操彩帶競技項目的活躍表演**而深感驕傲。不久之後，她應該就會長得亭亭玉立，以和我酷似的美麗姿態下到深海來吧！

帕氏裂鯨口魚的變態大圖解！

被認為是異鰭魚科的幼魚

尾鰭呈彩帶狀，是身體的好幾倍長。目前有發現過身體很細長的物種，也發現過腹部膨大、鰭也很大的物種等。

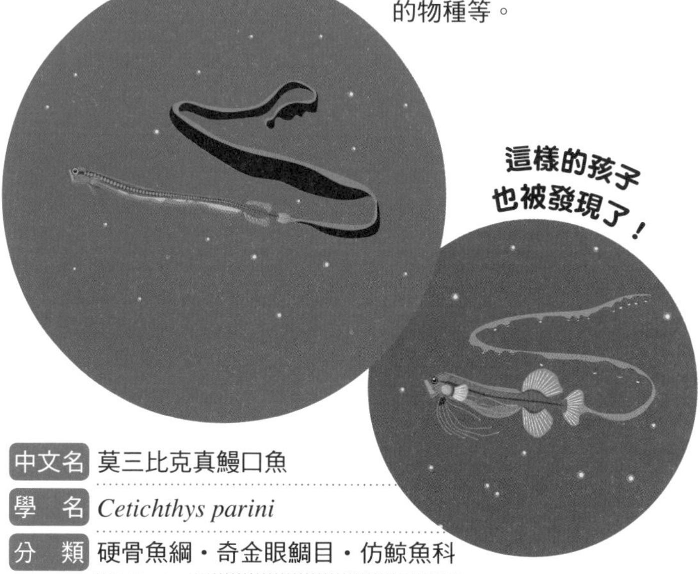

中文名	莫三比克真鰻口魚
學　名	*Cetichthys parini*
分　類	硬骨魚綱・奇金眼鯛目・仿鯨魚科
大　小	全長80cm
分布地	全球三大洋熱帶至副熱帶海域

帕氏裂鯨口魚的變態

幼體和成體的顏色和形狀不同是很尋常的，但若是連從尾鰭延伸出來的彩帶狀部分都包含進去，幼魚時期的體型反而是最大的，因此會被誤認為是不同物種也是理所當然吧！由於不論哪個物種都是非常不容易發現的珍稀魚類，所以在成長過程中身體究竟如何變態、哪一種和哪一種是親子關係等，仍然有許多未解之謎。

＼這就是變態！／ 被認為是**仿鯨魚科**的雌魚

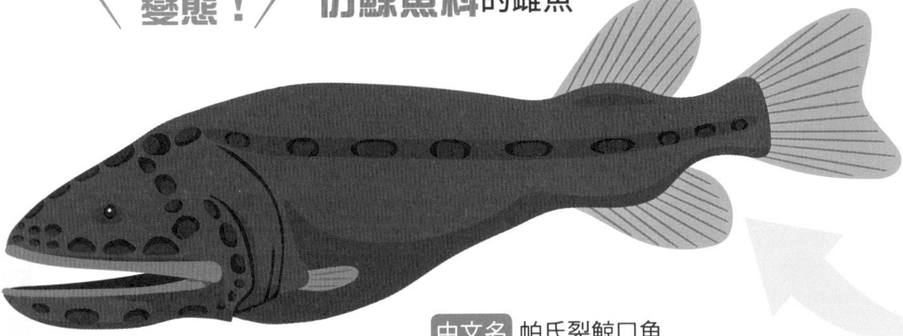

中文名	帕氏裂鯨口魚
學名	*Cetichthys parini*
分類	硬骨魚綱・奇金眼鯛目・仿鯨魚科
大小	體長 19cm
分布地	日本小笠原群島、千島群島、東太平洋的深海

頭大眼睛小，口部可以大大打開至頭部後端，那個模樣讓人聯想到鯨魚，側線（位於身體側面，扮演雷達般角色的器官）很發達。

＼這就是變態！／ 被認為是**大吻魚科**的雄魚

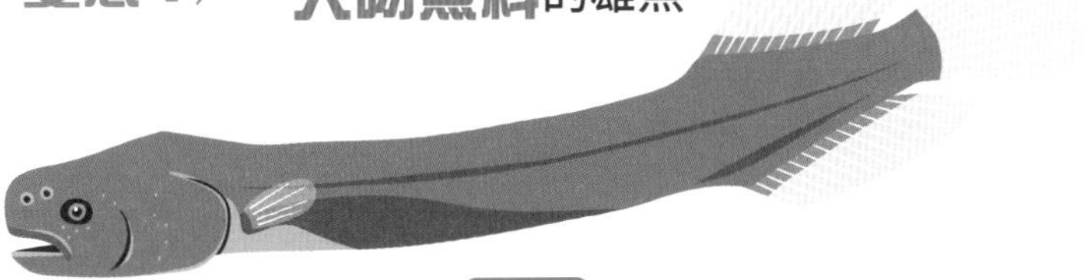

中文名	方頭獅鼻魚
學名	*Cetichthys parini*
分類	硬骨魚綱・奇金眼鯛目・仿鯨魚科
大小	體長 5cm
分布地	太平洋和南海海域

有著偏咖啡色的細長身體和發達的嗅覺器官。由於不具消化器官，沒辦法攝取食物，只能靠儲存在肝臟的營養生活。

興奮雀躍！

香里武通訊

岸壁採集探險記

即便是初學者都歡迎一起來參加

無論是去釣魚或到潮間帶玩耍，想觀察海中生物的方法有很多種，你知道其中有種輕鬆又方便的方法叫做「岸壁採集」嗎？在此介紹這個方法的魅力之處。

只要有網子和水桶就能很開心！

就像是拿著捕蟲網追逐昆蟲那樣，帶著手抄網到漁港撈水面上的幼魚，就叫「岸壁採集」。像舞臺般的漁港，其水面潮流很平靜，由於此處不太會有大魚來，所以有很多幼魚藏身，是像藏寶箱般、令人想一探究竟的場所。岸壁採集的方法非常簡單，只要凝視海面，尋找「有點怪」的點就好。不過，由於為了保護自己而擬態的幼魚很多，所以若是沒有目標的亂找，也有可能什麼都找不到。

這種時候，請參考下方「岸壁採集五要點」，發現寶物的機會會大增哦！

岸壁採集 5 要點

1 撈起漂流的藻類

在大海原上漂流的海藻是孕育生命的搖籃，仔細觀察，會發現有幼魚躲在裡面。

2 沿著繩子尋找

連結船和岸邊的繩索上常會有海藻或貝類附著，那裡就會成為幼魚的覓食場所。

3 探索港邊角落

在漁港角落的陰影處，會有喜歡暗處的幼魚藏身。

4 尋找水母的蹤影

有時候會有靠水母觸手毒性保護的幼魚附著。

5 注意海面的波紋

在非常靠近海面游泳的幼魚所造成的波紋，會成為發現牠們的線索。

岸壁採集的最大魅力，在於「能踩在穩固的地面上」和「只需要單純工具」這兩項特色。比起到處高高低低凹凸不平的攀岩採集，漁港好走又安全，而且只要有釣具店賣的網子和水桶，就能夠和眾多富有魅力的生物相遇。因此無論是小孩或成年人，都能安全又開心的做這件事。

此外，不同季節會出現不同的生物種類，這也是觀察的樂趣之一。至於每個季節能夠看到的幼魚，將會在第104頁做介紹。

像這樣事前調查出發日的風向和漁港的地形，到現場後用「怪怪雷達」尋找躲藏的幼魚，這樣的「尋寶」之旅十分有趣，請一定要出門去體驗看看。

在「腳邊的海水中」可看到深海魚？

深海魚雖然平常生活在深海，但是有時在敵人少、許多浮游生物出現的夜晚，會有深海魚的幼魚為了覓食而上浮到淺海處。

雖然看到深海魚的成體相當困難，但是能在「腳邊的海洋」和幻夢般的深海幼魚相遇，也是岸壁採集引人入勝之處。

左邊的照片，是我實際在日本靜岡縣西伊豆漁港看到，非常稀有的深海魚。

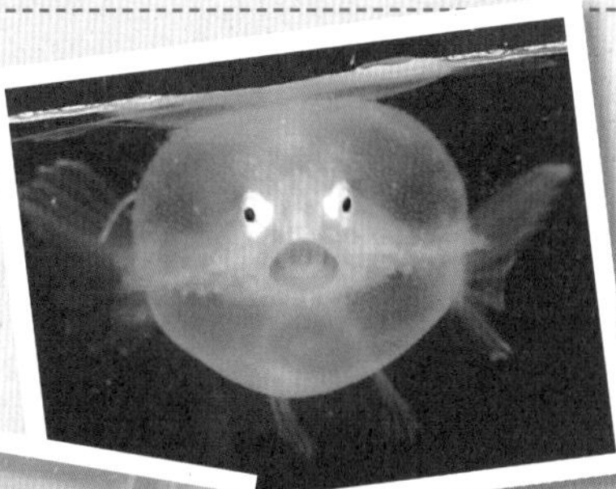

▲棘茄魚
體長 2.5cm 的稚魚。雖然成魚為人所熟知，但是以這個姿態被記錄到，還是世界第一遭呢！

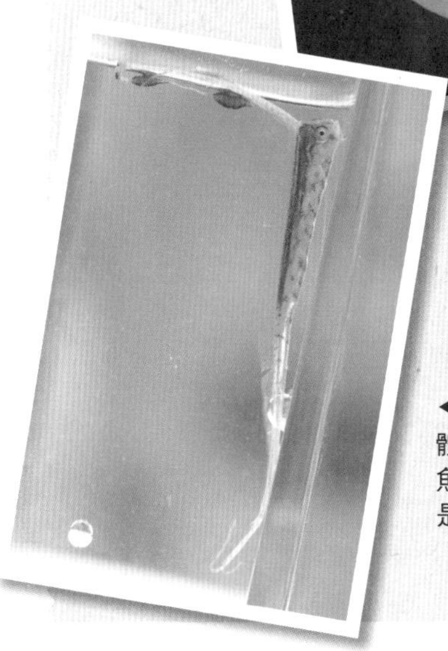

◀皇帶魚
體長 3.5cm 的幼魚，成魚可達 5m。有人說牠們是美人魚的原型。

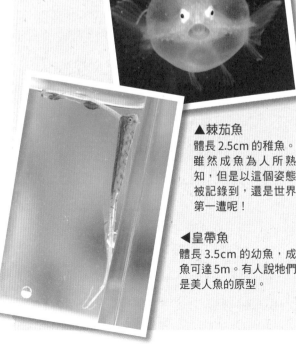

第2章 變身

和從前判若兩人的變身

雖然和第一章澈底改變身體結構的變態有所不同，
不過也有魚的成體和幼體階段其外觀大不相同，
改變理由大多是為了逃避危險而擁有的保命防身技能。
這些魚兒，不僅顏色和斑紋會改變，有時就連性別也會改變。
在這一章中，就來介紹完全不像的親子華麗變身戲吧！

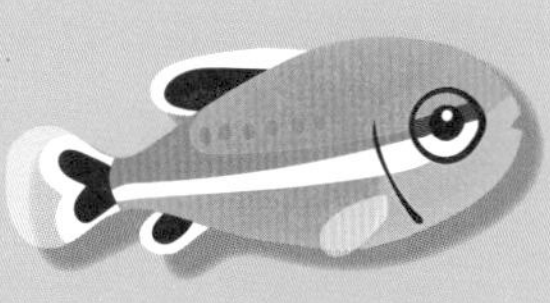

條紋蓋刺魚

變身度

第2章 變身

★第6～7頁問題A的答案頁面

從螺旋變為條紋

不要不要！聽說長大後身上的花紋會變成條紋狀，我一點都不想要，明明現在的樣子才是最可愛的。不論是潛水客或到水族館來的人，大家都用「小螺旋」這個暱稱在稱呼我、喜歡著我呢！

隨著年紀漸長，從螺旋紋的深處會浮現出條紋模樣，使得兩種圖樣混雜在一起……

呃！光想到這就讓我毛骨悚然，但人類居然說看我們變身是種享受。唉！人類真是沒有品味的動物啊！

這樣想來，人類說不定比我們這些海洋中的怪奇動物還要怪奇，對吧？

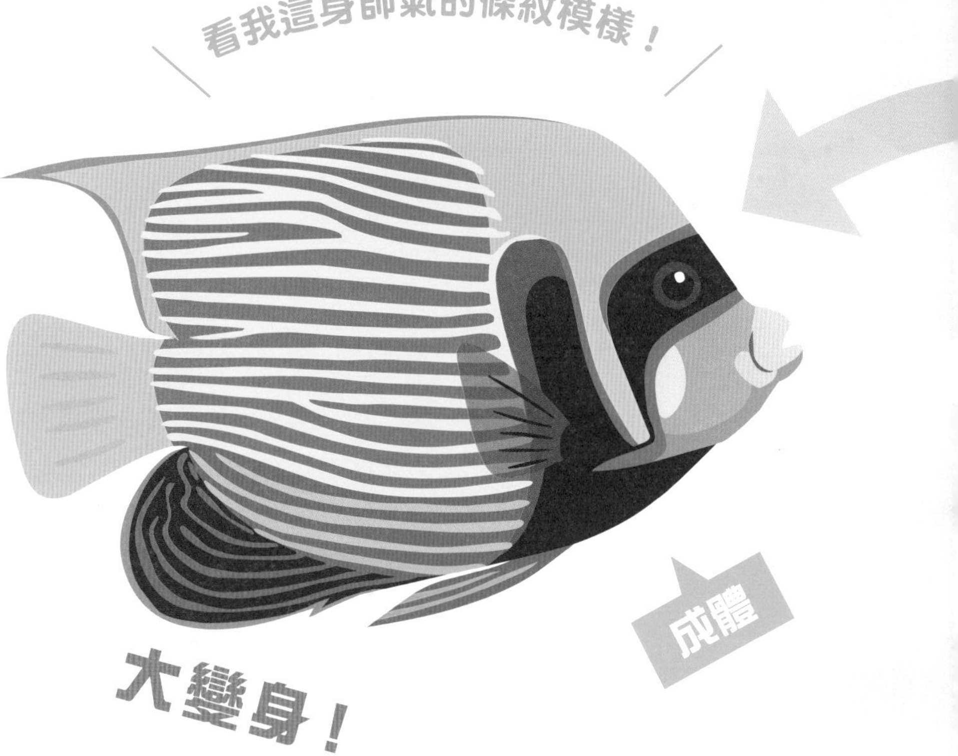

學名	*Pomacanthus imperator*	大小	全長35cm
分類	硬骨魚綱・鱸形目・蓋刺魚科	分布地	臺灣、印度洋至太平洋的珊瑚礁、岩礁區域

生物小筆記

蓋刺魚類的領域意識很強，當有同種魚進入時就會激烈攻擊，雖然這是為了保衛自己的狩獵場所而有的行為，不過若連弱小幼魚也攻擊，對物種整體沒有好處。因此一般認為**幼魚和成魚會有不同的顏色，是為了避免被捲入成魚間的爭鬥**。附帶一提，魚的圖樣是以面向頭部的狀態來判斷，所以身上的條紋從側面看起來是橫紋，實際上卻算是縱紋。無論橫紋或縱紋都是條紋，因此以此為名。

第2章
變身

雀魚

變身度

天使環是寶寶限定

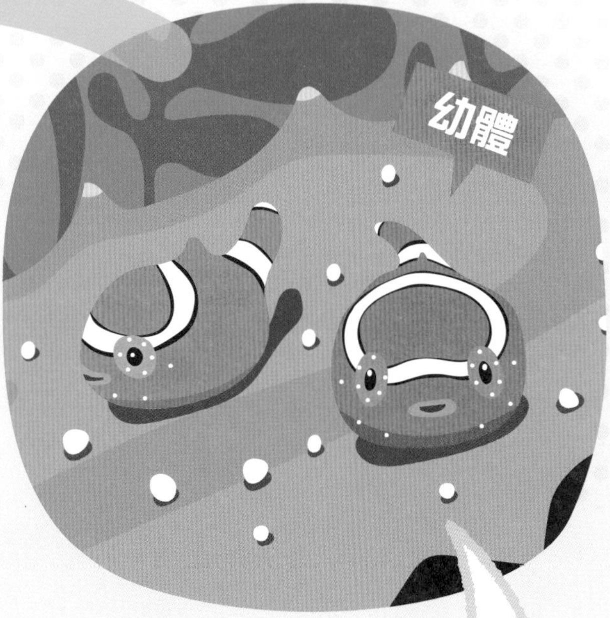

你看我頭上的天使之環，是不是可愛又漂亮呢？可惜，我的這種小天使外觀只能維持10天左右，很多潛水客為了要看我這一生一次難得的姿態，就算是冬天，也會拚命潛水尋找我的蹤跡。不過，我會用腹部的吸盤啪嗒的吸附在海藻上，因為身體的顏色和海藻很接近，尾鰭也會像海藻那樣的搖晃，應該不太容易被發現，可以慢慢、悠悠的在水裡漂動。

其實現在被發現也沒關係，等天使之環消失*之後，就不太想被看見了。所以當我長大，一定要更加模仿海藻，更緩慢悠然的在水裡漂動。

*天使之環消失的天數會依水溫而異，水溫越高、時間越短，反之水溫越低、時間越長。

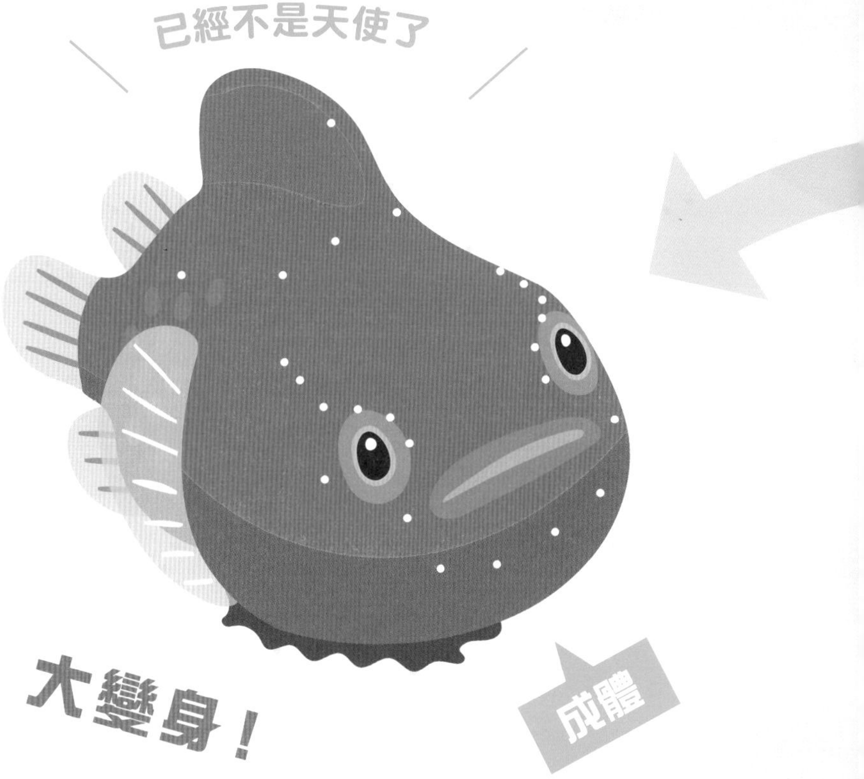

學名	*Lethotremus awae*	大小	體長 2cm
分類	硬骨魚綱・鱸形目・圓鰭魚科	分布地	日本、中國東海和黃海

生物小筆記

當春天近了，雀魚寶寶會現身在淺水區域的腔昆布等海藻林中。仔細觀察牠們僅僅只有幾公釐的小小身軀，會發現**頭上有白色的環狀圖樣**，長大後這個圖樣會消失，身體變成紅色、綠色或茶色等**能融入環境的顏色**。在比較成體的雄魚和雌魚時，會看到雄魚的背鰭像雞冠那樣的發達，被認為是用來保護卵用的。由於牠們的長相和動作很可愛，所以深受潛水客和岸壁採集家喜愛。

第2章 變身

蝴蝶魚屬

變身度

小寶寶時期會配戴頭盔

在下差不多該把頭盔拿下來了吧！為了尋找作為食物的浮游生物而在廣闊無際的海面上漂浮，實在是件辛苦的事情。**以前帶有光澤的身體是多麼的酷，但現在已經褪色變黃了**。

在旅行途中，遇見敵人的次數可真是數不盡，在戰國之世，**想說應該可以保護自己而嘗試戴上頭盔**……說實在的，沒有什麼作用，對大型的敵人也沒有任何效果，仍然差點被一口吞下。

所以我想，以擴大領地為目標的事就交給年輕人，我還是去**海流平穩的岩石場隱居**好了。

……但話說回來，在下還只是個小寶寶而已呢！

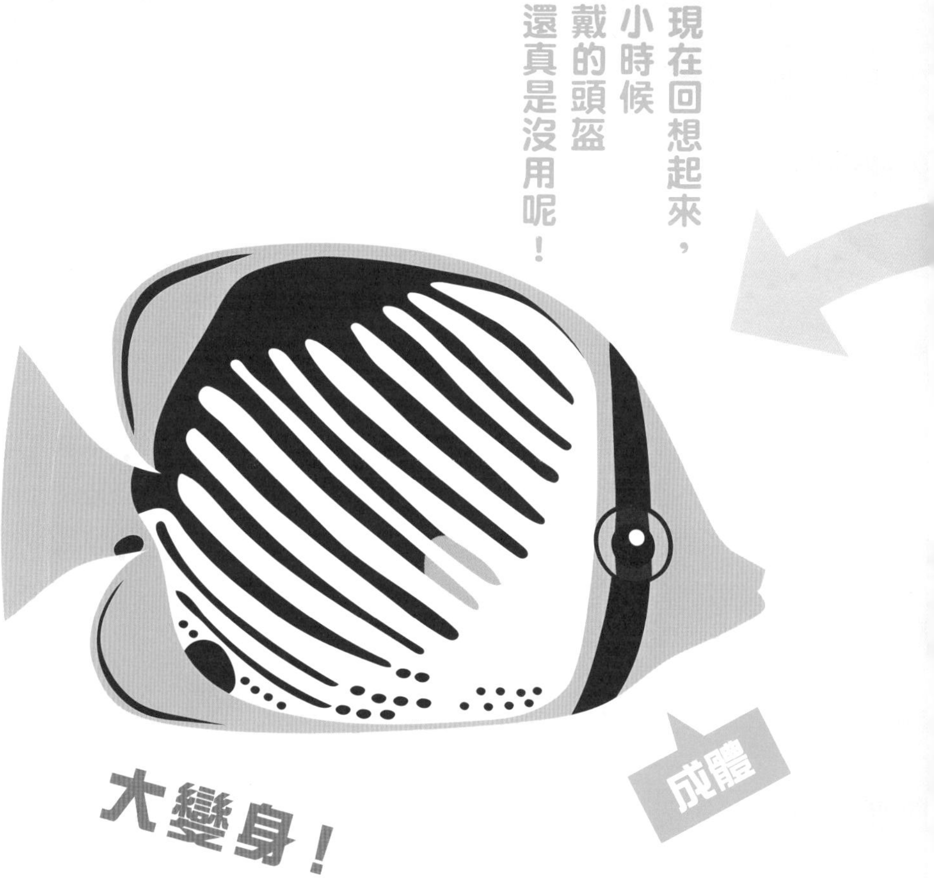
現在回想起來，
小時候
戴的頭盔
還真是沒用呢！
成體
大變身！

中文名	黑背蝴蝶魚
學　名	*Chaetodon melannotus*
分　類	硬骨魚綱・鱸形目・蝴蝶魚科
大　小	體長 18cm
分布地	臺灣、印度洋至太平洋的珊瑚礁、岩礁區域

生物小筆記

蝴蝶魚在稚魚時期**頭部被堅硬的骨骼包覆**，雖然看起來像戴著頭盔，但隨著成長會逐漸消失。在這個稱為**棘盾幼生期**的階段，蝴蝶魚是過著浮游生活的浮游生物，會從溫暖的南方海域乘著海流漂流到日本關東的海域。雖然很容易因為海水溫度下降導致死亡，而被稱為「**死滅洄游魚**」，不過最近由於能越冬的個體增加，所以綽號就變成「**季節來游魚**」了。

彎鰭燕魚

變身度 MAX!

★第6～7頁問題B的答案頁面

小寶寶時期是擬態成海扁蟲

我正在重溫我小時候的照片。唉！怎麼看都是一副很難吃的樣子，**這是為了不讓自己被吃掉，所以假扮成海扁蟲**。不只是顏色，就連海扁蟲那種晃晃悠悠、扭來扭去的游泳方式也學個澈底。

現在我已經長大，不必模仿誰就能好好的活下去。

只是，雖然我已經和以前截然不同，但人類仍用我小時候的外型來命名，明明是偽裝成海扁蟲，卻因為看起來有長翅膀而被稱為「燕」魚，這樣簡直就是以幼魚為主角，才以幼魚的特徵命名嘛！我對這點很不服氣，**都已經長成落落大方的模樣，別再用乳名來叫我了**。

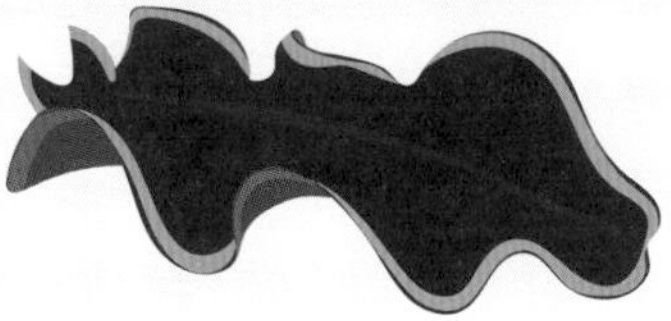

海扁蟲

有的有毒，有的味道很難吃。

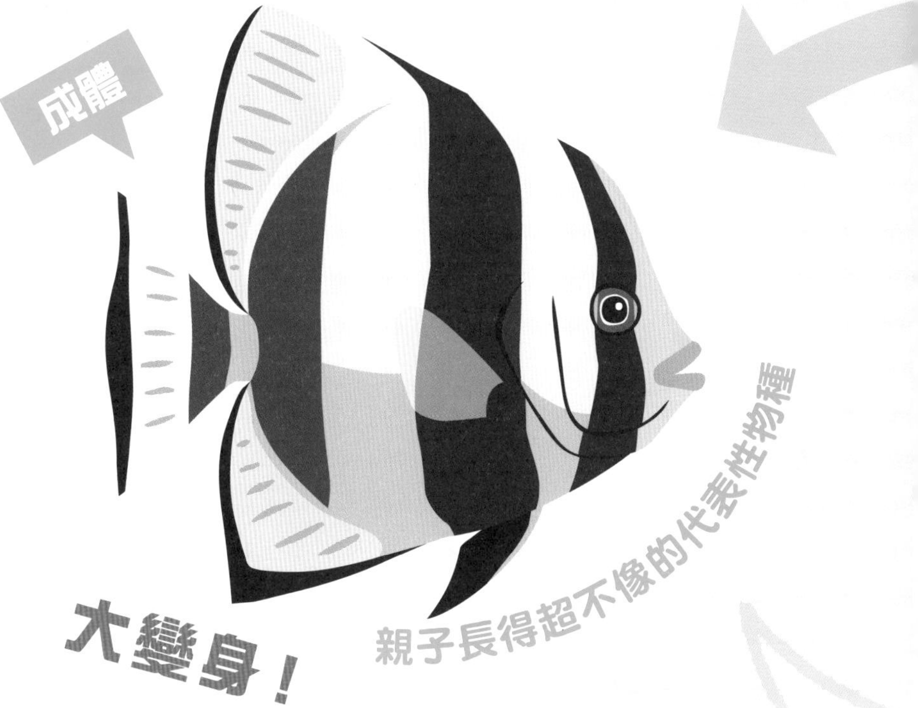

學名	*Platax pinnatus*	大小	體長30cm
分類	硬骨魚綱・鱸形目・白鯧科	分布地	臺灣、西太平洋的珊瑚礁海域

生物小筆記

像彎鰭燕魚這種雖然不具毒性，卻偽裝那些有毒或味道很難吃的生物，好讓自己不被補食的方法稱為「**貝氏擬態**」。使身體帶有毒性，以及讓自己的外觀或行為動作和有毒生物酷似，這都是為了保護自己的驚人演化。彎鰭燕魚在成長後會變身成截然不同的黑桃形銀色魚，由於成魚的身上完全沒有紅色的部分，所以日文名字中被稱為「框紅邊」，也是利用幼魚時期的特徵所命名。

角高體金眼鯛

變身度 MAX!

第2章 變身

自豪的鬼角 只有小孩才擁有

我是隨性的在淺海中漂蕩的淘氣鬼，**而我引以為傲的鬼角，卻在長大之後就會消失**。不過，我才不會因為沒有角而變得圓滑，**取而代之的是長成更像鬼可怕的樣子**。

人類應該看到我要害怕才是，但他們卻常說：「明明有著惡鬼的臉，卻很可愛呢！」怎麼會這樣？而且我雖然和紅金眼鯛同類，但我的眼睛既不是金色，看起來也很小，牙齒還因為太長沒辦法閉嘴，我唯一的優點就是儘管長得黑壯，卻能快速活動胸鰭游泳。換個角度想，**我是深海裡的反差萌第一名唷！**

學名	*Anoplogaster cornuta*	大小	體長9cm
分類	硬骨魚綱・金眼鯛目・高體金眼鯛科	分布地	全世界的深海

生物小筆記

雖然角高體金眼鯛是長相凶惡的深海魚，小時候卻圓滾矮胖，非常可愛。身上的鬼角，會隨著成長而變小。英文名則可能是由於成魚的牙齒給人的印象太深，所以叫做「fangtooth fish（獠牙魚、尖牙魚）」。一般認為稚魚是在海洋表層行浮游生活，但因為幾乎沒有發現過活體，所以至今仍充滿謎團。**由於和親魚的外觀實在差太多，以前甚至曾被登錄成別種魚。**

網紋擬狐鯛

變身度 MAX!

★第6～7頁問題C的答案頁面

粗獷的瘤是帥哥的象徵

我可不是撞到頭哦！所以不要跟我說看起來好像很痛。雖然現在看起來是這個樣子，不過**小時候我可是苗條的可愛女孩子呢！在紅色的身體上有白色的線條，很時髦，而且也沒有瘤。**

雖然有時候會被說很醜，不過**瘤越大可是越受歡迎的呢！**換句話說，這是男性的象徵，沒錯，長大後的我變成了男性。越長壽，瘤也會變得越大，我們為了要留下子孫，必須和其他的雄魚戰鬥才行，但是我們不會去咬對方，而是**用口部和瘤的大小來決勝負**，很妙吧！明明長這種臉，卻是和平主義者呢！

學　名	*Semicossyphus reticulatus*	大　小	體長 1m
分　類	硬骨魚綱・鱸形目・隆頭魚科	分布地	西太平洋的岩礁區域

生物小筆記

包含網紋擬狐鯛在內的大多數隆頭魚科魚類，在剛誕生時都是雌性，成長之後才變成雄性，這狀態稱為「**雌性先熟**」。這種魚個性敦厚，但到了繁殖期，雄性會為了爭奪雌性而戰鬥，由於若是以強韌的牙齒攻擊的話就會受重傷，所以並不會這樣做，而是**相互較勁口部和瘤的大小**。附帶一提，這個瘤其實是脂肪塊，有彈性且出乎意料的柔軟。

第2章 變身

鬼頭刀

變身度

長大後就會變得閃亮亮

閃開閃開、讓路讓路！鬼頭刀大人要經過，不讓路就會被吃掉哦！本大人將來可是能長到兩公尺的巨大魚種，雖然現在看起來只像根小樹枝的尖端，不過總有一天會變成能在大海表層咻咻咻快速游泳的明星泳將。別看我現在只能附著在漂流的藻類上搖搖晃晃，總有一天……

總有一天我會長成有著藍綠色背部、金黃色腹部閃亮亮的華麗魚類，雖然現在只有低調不醒目的條紋。喂喂喂！還不閃開嗎？小心以後會把你吃掉哦！

哼！雖然現在我只能吃些小蝦子，但等到長大，真的能一口就吞掉你，別不相信。

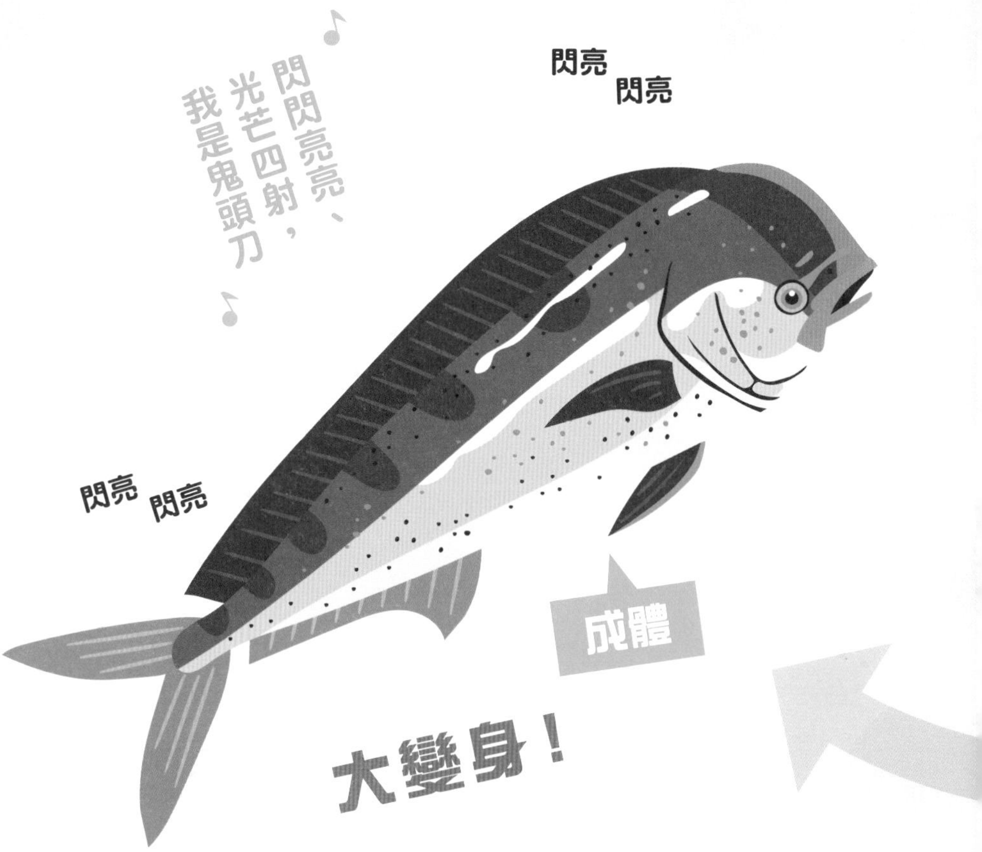
閃閃亮亮、
光芒四射，
我是鬼頭刀
閃亮
閃亮
閃亮
閃亮
成體
大變身！

學名	*Coryphaena hippurus*	大小	體長2m
分類	硬骨魚綱・鱸形目・鱰科	分布地	全世界溫暖海洋的近海表層

生物小筆記

在夏威夷被稱為 mahi-mahi 的鬼頭刀，雖然似乎不太常在餐桌上看到，但是會被做成炸魚排夾進漢堡裡，不知不覺間就吃進肚子了。從幼魚時期起就是有很強食慾的**活躍掠食者**，每次在岩壁看到鬼頭刀的幼魚，牠們總是在追逐飛魚的幼魚。據說飛魚之所以會飛的理由之一，就是為了要逃離鬼頭刀，飛魚好像不論幼魚或成魚都暴露在鬼頭刀的威脅之下呢！

側帶擬花鮨

變身度 MAX!

爸爸身上總是貼著痠痛藥布

爸爸可能工作過度，身體好像總是很痠痛，不然為什麼每天身上都要貼著痠痛藥布，而且是非常大、非常顯眼的正方形粉紅色藥布。

要是貼在肩膀上或腰上也就算了，但爸爸是貼在身體的兩側。唉！貼在這種最明顯的地方，真令人感到遺憾。

我記得從前的他並沒有這樣，不知道何時開始出現一層若隱若現的藥布，然後面積逐漸擴大，也越來越明顯……

難道我長大後也會變得需要貼藥布嗎？那看起來好土，我不要啦……

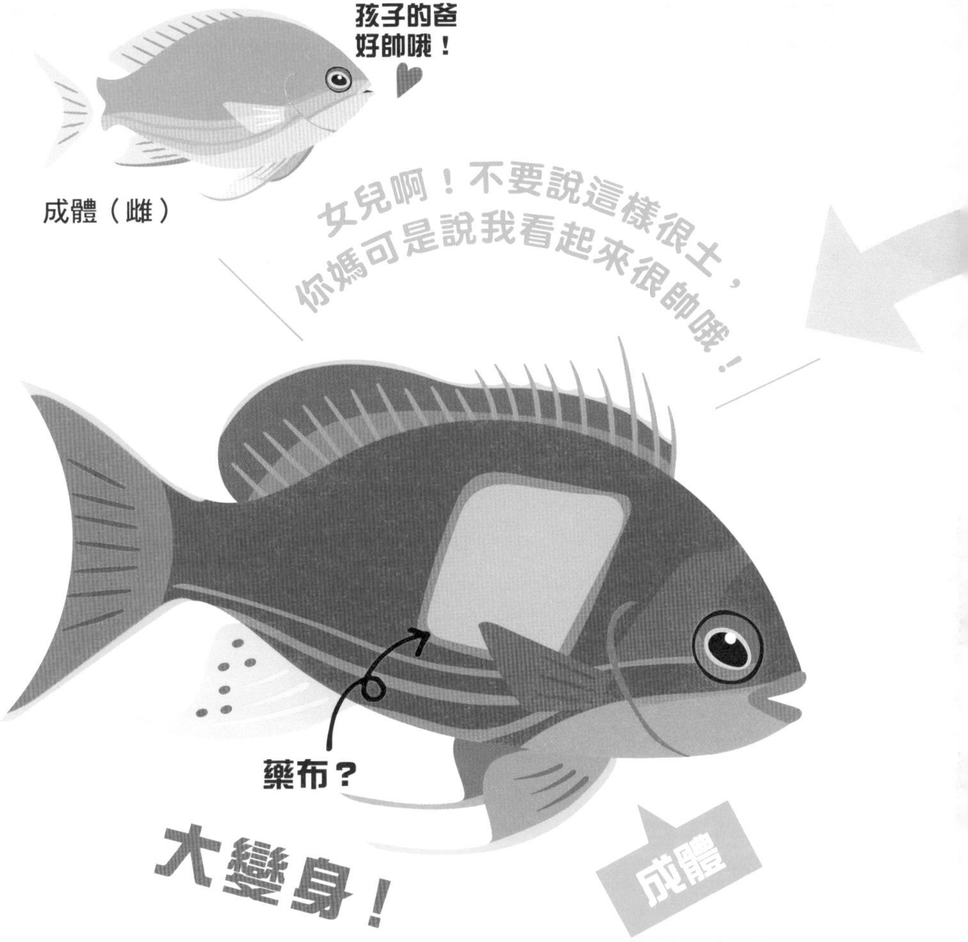
孩子的爸
好帥哦！
成體（雌）
女兒啊！不要說這樣很土，
你媽可是說我看起來很帥哦！
藥布？
大變身！
成體

學名	*Pseudanthias pleurotaenia*	大小	體長 9cm
分類	硬骨魚綱・鱸形目・鮨科	分布地	臺灣、中西太平洋的珊瑚礁、岩礁區域

生物小筆記

和隆頭魚類一樣，鮨科魚類也會進行性轉換，從雌性轉變成雄性。其中以側帶擬花鮨特別會展現不可思議的變身，而且變成雄性後，身上就出現像**痠痛藥布般的正方形模樣**。一般來說，雄性的色彩變得鮮豔是為了吸引雌性，到了繁殖期等還會再出現更特別的顏色（稱為「婚姻色」）。雖然側帶擬花鮨會在「臉部」出現紅色或紫色，不過藥布的模樣還是不變，究竟想要傳達什麼訊息呢？

斑胡椒鯛

變身度

小時候是擬態成海蛞蝓

像這些特意錯開身上圓點的變形，是種絕妙的設計。咦？你不懂？唉！最近的年輕人真是不行啊！是說我自己也還是幼魚啦！**你以為我平常只是在扭動跳舞嗎？錯了，我是在律動全身來傳遞訊息呢！**

……什麼？你說我在表現性感？不，我要傳達的是那種**一看就絕對不會產生食慾的劇毒感**，很酷吧！這才是最重要的。

喂！你看那邊那條點點圖樣的魚，一樣都有點點，但他的品味真差啊！我不想變成那樣。

……什麼？你說那是我長大以後的外貌！我不相信，你騙人（大哭）。

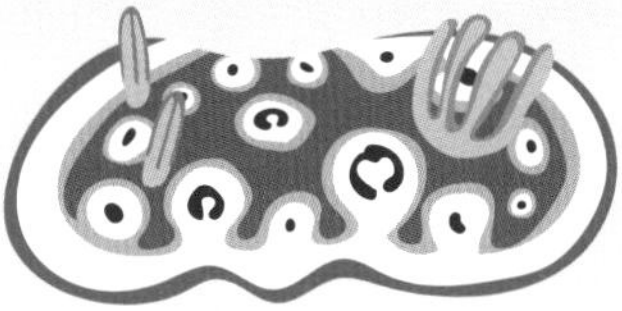

豹紋多彩海蛞蝓
雖然不具毒性，外貌卻看起來有劇毒。

學名	*Plectorhinchus chaetodonoides*	大小	體長 35cm
分類	硬骨魚綱・鱸形目・石鱸科	分布地	臺灣、印度至西太平洋的岩礁區域

生物小筆記

一般認為斑胡椒鯛的幼魚不論是外觀或行為上，**都是在對吃下去很難吃，或是有毒的海蛞蝓、海扁蟲等做貝氏擬態**。斑胡椒鯛的日文名字是「蝶胡椒鯛」，這是因為幼魚扭動的游泳方式，很像蝴蝶飛舞的姿態。但隨著成長，蝴蝶的樣貌消失，斑紋變得更加刺眼有毒，身上細碎的小圓點看起來像被撒了胡椒，於是中文命名為胡椒鯛。像這種幼魚和成魚的特徵都被寫成名字的魚，真是有趣呢！

單角鼻魚

變身度

會長出裝飾用的角

我爸最近變得有點像日本傳說中的妖怪，有著長鼻子，帶點驕傲感的天狗。我覺得那可能是因為**英文中是稱他為unicorn fish（獨角獸魚）**，讓他自認為是夢幻之魚，變得得意忘形。

不過，如果你稱讚他說伸長的鼻子好帥氣，他就會說：「**那不是鼻子，是額頭啦**（怒）！」

偷偷跟你說，**其實爸爸額頭上的這個角只能用來裝飾**，既不能像旗魚那樣揮動獵捕，也不能用它來戰鬥，為什麼呢？

噗（掩嘴笑）！因為比起角，他的嘴更突出呢！如果想要攻擊別人，不就先親上去了嗎？哈哈哈哈哈！

爸爸的角，中看不中用，
不能用來攻擊
角
大變身！
成體

學　名	*Naso unicornis*	大　小	體長 50cm
分　類	硬骨魚綱・鱸形目・刺尾鯛科	分布地	臺灣、印度洋至太平洋的珊瑚礁、岩礁區域

生物小筆記

雖然都有著長角，近緣種的短吻鼻魚和環紋鼻魚的角看起來都帥氣十足，而單角鼻魚的角因為不會超出口部，反而看起來有點滑稽。雖然頭上的角不能成為武器，但單角鼻魚的**尾鰭基部卻具有兩根像刺般的銳利骨板**。目前角的作用仍不清楚，有些研究猜測可能是用在求偶展示或作為社會行為的信號。

黃鮟鱇

變身度 MAX!

★第6～7頁問題D的答案頁面

優雅妖精變成破爛抹布？

反正我就是條破爛抹布啦！雖然小時候穿著帶花邊的衣服跳舞，現在卻是待在沒有人煙的海底，成為對砂子做擬態，不受注意的老舊地毯。

而且我對游泳尋找食物這件事已經感到厭倦，不如靜靜的待著，伺機捕食經過的魚比較輕鬆。只要拋棄美麗，把自己當作穿舊的鞋子，就能快活輕鬆的過日子哦！

咦？等一下！雖然我不介意被說成破爛抹布，但怎會有人把我黃鮟鱇和其他種鮟鱇混為一談呢？這我可沒辦法接受。

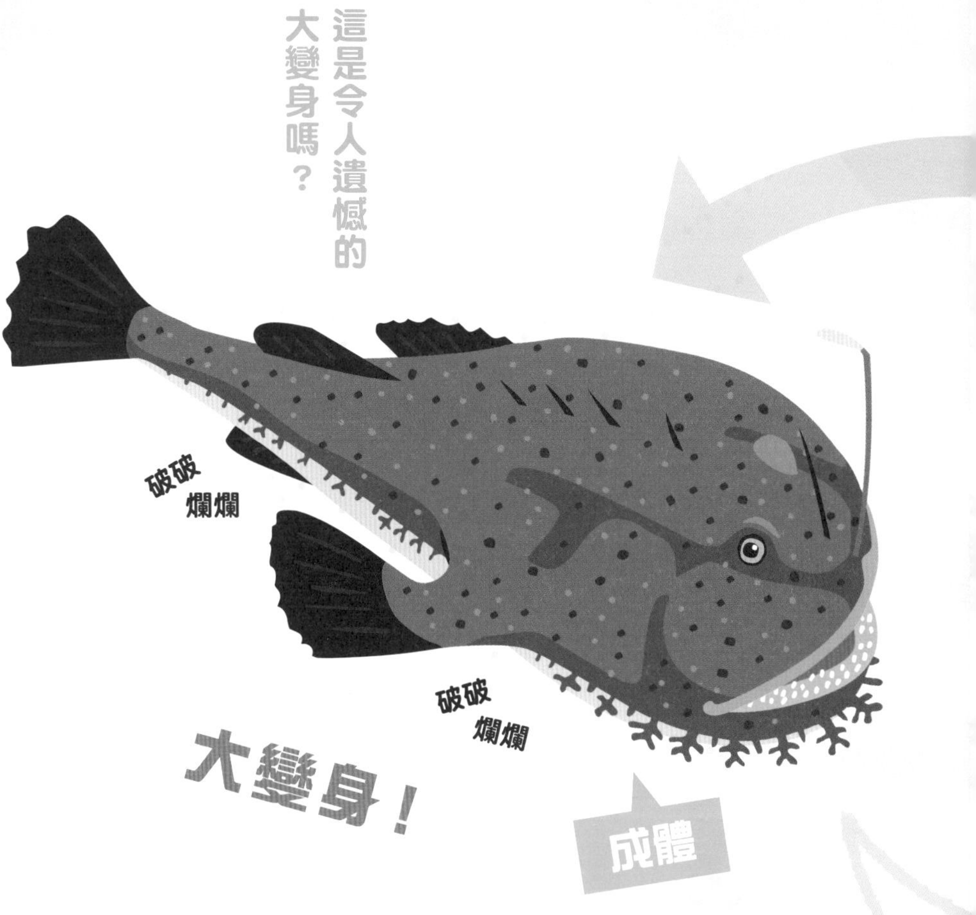
這是令人遺憾的大變身嗎？
破破爛爛
破破爛爛
大變身！
成體

學名	*Lophius litulon*	大小	全長1～1.5m
分類	硬骨魚綱・鮟鱇目・鮟鱇科	分布地	臺灣、西北太平洋的砂泥底

生物小筆記

像妖精般行浮游生活的幼魚，在成長的過程中逐漸往海底移動，變身成令人吃驚的模樣。在餐廳裡吃的其實大多是黃鮟鱇，由於牠們的體型比本家的鮟鱇要大，被認為具有比較高的價值。分辨的方法是，口中有圓點模樣的是鮟鱇，沒有的是黃鮟鱇。特別的是除了身體，連肝臟、胃、卵巢、皮等全都能夠成為食材，所以在日本被稱為**「七道具」而受到珍視**。

第2章 變身

粒突箱魨

變身度

可愛的圓點點 只有小孩才有

整個世界是成立在平衡上的，在獲得什麼的時候，就會失去什麼，我深知這個道理。小時候我常被稱為幸福的黃色箱魨，是因為我美麗的黃色身體上有著像骰子般的圓點。由於太可愛了，深受潛水客的喜愛，但那時的我不太會游泳，因此這身像危險信號般的配色，和保護眼睛的圓點，是沒有能力逃離敵人時的武裝。

現在我長大了，已經不需要用顏色或模樣來保護自己，所以外觀也改變了，已經沒有人會對我說好可愛了，唉！這個世間，真是有一好沒兩好啊！

成體（雌性）
雌魚的身體仍保持黃色，從黑色斑點的內側開始出現白色斑點。

好懷念過去
總是萬般寵愛
集一身的年代……

成體
大變身！

學名	*Ostracion cubicus*	大小	全長40cm
分類	硬骨魚綱・魨形目・箱魨科	分布地	臺灣、印度至太平洋的潟湖、珊瑚礁、岩礁區域

生物小筆記

粒突箱魨在幼魚的時候，全身布滿了和眼睛一樣大的圓點模樣，讓人很難一眼辨識出哪個才是真正眼睛，**藉此保護自己不受敵人傷害**。不知道是不是成長之後有了自信，偽裝用的圓點逐漸消失，雄魚的外觀變得像是機器人一樣。雌魚則是從黑色變化成白色的斑點模樣。粒突箱魨的全身被堅硬的骨骼包覆，**當受敵人攻擊時，會釋放出箱魨毒素這種毒**，成魚保護自己的方式也不容小覷呢！

圓鯧

變身度

腹鰭的扇子是兒童專用

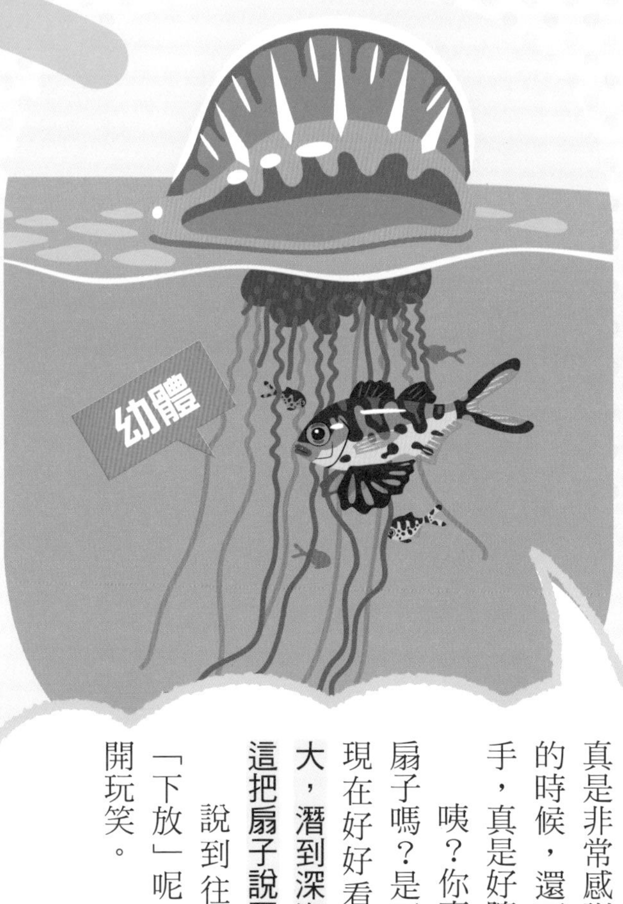

這個像藍色水餃般的東西是僧帽水母，別稱葡萄牙戰艦，在下的保鑣是也。帶有劇毒，只要待在旁邊，**大型魚類就不敢靠近，在下也絕對不會被吃掉，**真是非常感謝，而且，我肚子餓的時候，還可以就近吃牠幾根觸手，真是好隨從啊！喔呵呵！

咦？你喜歡我肚子上的這支扇子嗎？是不是很風雅呢？就趁現在好好看一看吧！**當在下長大，潛到深海去的時候，就會和這把扇子說再見了。**

說到往深海，我真的是被「下放」呢！別當真，我只是在開玩笑。

學名	*Nomeus gronovii*	大小	體長24cm
分類	硬骨魚綱・鱸形目・圓鯧科	分布地	全球

生物小筆記

有些物種的幼魚，會為了保護自己而藏身於毒水母的觸手之間，其中圓鯧又特別是以**毒性強的僧帽水母為棲所**。所以對牠們來說，水母是重要的家……才剛覺感動，卻發現到牠們竟然有把家拆來吃的行為！圓鯧好像不是不會被水母螫，而是**對水母的毒性免疫**。此外，像扇子般打開的美麗腹鰭也是牠們的特徵，這似乎有助於牠們在海面表層取得平衡，不過等要去深海的時期就會變小了。

橫斑刺鰓鮨

變身度

小時候會擬態成河魨

請不要輕易說我模仿得不像，我所擬態的對象——瓦氏尖鼻魨是魨類，而我和同科的石斑魚則是近緣種。魨和石斑魚本就是不同的魚，要相像自然也是有限度的。

什麼？你說鋸尾副革單棘魨先生的擬態就很完美？他和瓦氏尖鼻魨都同樣是魨形目啊！不可以這樣比啦！

而且，我只有在幼魚時期會需要模仿別人而已，等長大後我會變成和現在截然不同、長相凶狠的健壯魚類唷！因此請把眼光放遠一點再對我下評價，別有先入為主的偏見啊！

瓦氏尖鼻魨

除了身體具有毒性，據說從皮膚也會釋放毒素。

學名	*Plectropomus laevis*	大小	全長 1.2m
分類	硬骨魚綱・鱸形目・鮨科	分布地	臺灣、印度洋至太平洋的珊瑚礁、岩礁區域

生物小筆記

在彎鰭燕魚（第 66 頁）和斑胡椒鯛（第 76 頁）的內文中，曾介紹過模仿成其他種動物的貝氏擬態。但也有像橫斑刺鰓鮨是**模仿其他魚類外觀的物種，特別是具有毒性的瓦氏尖鼻魨**，是很受歡迎的被擬態對象，例如還被單棘魨類的鋸尾副革單棘魨模仿。不過魨和石斑魚的親緣關係太遠，即使能模仿顏色或斑紋，若想連身體的結構都相似的話，也是有限度的。

日本大鱗大眼鯛

變身度

轉大人就變得紅通通

記者：你最近都沒睡覺對吧！是練習賽車練得太過度嗎？

日本大鱗大眼鯛：你是說我眼睛充血嗎？才不是呢，這只是**為了在黑暗的海中也能夠把路線看清楚，因此讓眼睛變大而已**。我這圓滾滾的眼睛很可愛，很受團隊成員喜歡呢！

記者：團隊的營運很黑……的傳言，是真的嗎？

日本大鱗大眼鯛：只因為身體是黑色的就說我們很黑嗎？哈哈哈！**我並不會一直都是黑色的哦！長大後就會變成紅色**，什麼？這樣反而更容易判出局！是因為舉紅牌了嗎？

你問我紅色不是很醒目嗎？
其實這樣反而才不顯眼呢！

大變身！

學名	*Pristigenys niphonia*	大小	體長 18cm
分類	硬骨魚綱・鱸形目・大眼鯛科	分布地	臺灣、印度至西太平洋的岩礁區域

生物小筆記

在深海處有許多紅色魚的理由是為了隱匿自己。由於水具有能夠吸收紅光的性質，所以越到深海，紅色越會被吸收而變得不容易看見。人類之所以能看見紅色，是因為物體反射出紅光所致，但在像深海那種原本就沒什麼紅光的環境中，由於紅光不容易反射，反而能夠融入黑暗之中。當然，黑色的魚也很不顯眼，因為會被當成影子來看待。

飛魚

變身度

從原本枯葉般的翅膀，變成閃耀的翅膀

我們是小小孩探險隊！為了探索未知的世界，今天也要去冒險，Let's Go！（躍出）

哇！今天飛得比過去都來得遠呢！**就算身體小，就算翅膀像枯葉的邊邊那樣參差，也能夠飛得非常好呢！**

嘿！這裡是我還沒到過的海域，**離剛剛的位置有20公分遠**，照這樣下去，應該可以往更遠的……咦？今天海流好像很強，轉瞬之間就被沖回剛剛出發的地方了。我才不會輸呢！再一次，嘿唷！（躍出）

這次飛了22公分遠呢！

哇！這裡是我還沒到……

（以下略）

中文名	杜氏文鰩魚	大　小	全長 35cm
學　名	*Cypselurus doederleini*	分布地	日本北海道到九州、朝鮮半島的沿岸表層
分　類	硬骨魚綱・鶴鱵目・飛魚科		

生物小筆記

飛魚達成了驚人的演化，像翅膀般展開的胸鰭、用來維持平衡的腹鰭，尾鰭分成兩股，下側長上側短，藉由擺動尾鰭來讓身體向上，就能夠一踢海面強力飛起。**完全成長的成魚會發出銀色光輝，飛行 100 公尺以上**；而小幼魚，即使僅有 2 公分左右——**只要想用網子去撈捕——也會蹦的飛個數十公分逃走**。所以即便幼魚身體長得像枯葉，也是能夠好好飛行的。

絲鰺ㄕㄣ

變身度

拖著線梭巡的是小孩

＊巴拉金梭魚具毒性，游泳能力強，喜歡攻擊獵物。

＊日本鰻鯰具毒棘，被刺到會引起劇痛。

人類好像還不知道漁港的老大是誰，說是巴拉金梭魚＊？那傢伙不過就是個像子彈那樣的東西。說是日本鰻鯰＊？只要不去碰觸牠們的話，根本就是單純的烏合之眾而已……**沒錯！我才是在暗地操縱的黑手**。總是從岸壁邊和網子保持著只差一點點就碰得到、卻抓不到的絕妙距離，我的游泳方式看起來好像很容易被獵捕，卻在快抓到的瞬間轉換方向欺騙人……**大家都叫我牽線的竹筴魚！**

……唉！我也曾有過說這種大話的時期，那時真是年輕氣盛啊！現在的我已經是大人了，就**不能再像過去總是揮舞著絲線，表現出小屁孩模樣了**。

真希望人類是以我成熟的模樣來決定名字啊！
大變身！
成體

學　名	*Alectis ciliaris*	大　小	體長 1m
分　類	硬骨魚綱・鱸形目・鰺科	分布地	全球的溫暖海域

生物小筆記

夏季漁港的代表就是絲鰺的幼魚群了。由於動作迅速，不容易用網子撈捕到，所以真的是「讓岸壁採集家落淚」的魚。除了游泳速度快之外，**背鰭和臀鰭拖著長線**的這種獨特姿態，也是牠們的保命工夫。一般認為這是擬態成具有觸手的水母。在漁港從上方看的時候，真的是和**具有長觸手的光燈籠水母一樣**。不過長大之後沒有擬態的必要，那些線就逐漸消失。

第2章 變身

黑身管鼻鯙

變身度

爸爸、媽媽和小孩的三色變化

父：你好，我是爸爸。

子：你好，我是孩子。

父：你說，我們的名字裡怎會有「鼻鬚*」兩個字呢？

子：是啊！這又不是鬍鬚，只是大鼻孔而已。

父：特別是你的鼻孔太開了啦！這樣不會吸進太多水嗎？還有你怎麼黑漆漆的呢？

子：才不會呢！而且我還是幼魚所以皮膚黑。話說回來，爸爸你對於名字太過執著了，才會臉色發青呢！

父：囉唆！因為我是雄魚，皮膚當然是藍色的。

子：也對，老媽的皮膚就是鮮黃色的，我們一家真繽紛啊！

*日文名直譯是「鼻鬚鯙」。

黃
成體（雌）
所謂多彩家庭，
就是在指我們哦！
藍
大變身！
成體

學名	*Rhinomuraena quaesita*	大小	全長 1.2m
分類	硬骨魚綱・鰻形目・鯙科	分布地	臺灣、印度到太平洋的岩礁區域

生物小筆記

黑身管鼻鯙是海洋世界中少數行「**雄性先熟**」的魚種。伴隨著從雄性轉換成雌性，**身體顏色會有三階段變化**。幼魚有黑色的身體和黃色的背部，已成長的雄性是藍身體和黃背，再成長為雌性時全身都會變化成黃色。鼻孔擴展成為花瓣狀是最大的特徵。和其他的鯙類相比，管鼻鯙的游泳方式是輕飄飄的扭動，就像是體操的彩帶競技一樣。英文名為「Ribbon Eel」，**直譯就是彩帶鰻**，真是貼切啊！

第2章 變身

褐擬鱗魨

變身度

會長出能咔滋咔滋咬的牙齒

聽 好哦！即使有潛水客說我們很可愛，也請各位不要掉以輕心的接近。別忘記我們褐擬鱗魨是海中最凶猛的，要是有傢伙敢踏進地盤，我們不但會用身體衝撞、還會咬上去，我們可是具有連人類的潛水衣都能咬扯下來的強力牙齒呢！

不過，我小時候圓滾滾的，非常可愛，如今則是很厲害，沒有什麼在怕的。

為了鍛鍊牙齒，我咬珊瑚當作訓練，每日不懈怠的才有了現在帥氣長相呢！

想要變成像我這樣嗎？那就不能怠惰，每天鍛鍊哦！

變成什麼都咬的危險魚類

學名	*Balistoides viridescens*	大小	全長 70cm
分類	硬骨魚綱・魨形目・鱗魨科	分布地	臺灣、印度至太平洋的珊瑚礁區域

生物小筆記

據說問潛水人員「**最可怕的魚是什麼？**」時，出乎意料的，答案並不是鯊魚或鯙，而是以褐擬鱗魨為多。褐擬鱗魨在幼魚時是黑白模樣，有著「噘嘴」的可愛長相。但是成長後，就具有**能夠把貝類等都咬碎的牙齒**和凶惡長相。特別是產卵期，只要有潛水人員接近，就會毫不留情的咬下去，這種連潛水衣都會扯破的銳利牙齒，一旦被咬可能受重傷，所以**遇到牠們千萬要注意**！

第2章
變身

長棘毛唇隆頭魚

變身度 MAX!

★第6～7頁問題E的答案頁面

大大的嘴是長大的證明

大家好！我的英文名字叫做「hogfish」，是「野豬魚」的意思，是不是很難聽？我不喜歡這個名字。

我明明不胖，根本不像豬，如果叫我「pigfish，家豬魚」勉強還能接受，至少滿可愛的。然而「hog」卻是指大口吃個不停的野豬，同樣是豬，仍舊有格調上的差異，因此這樣說我，我非常不滿。

喂！你很在意我的嘴嗎？沒錯，很多人叫我妖怪口裂魚。哈哈！其實我小時候總是嘟著小嘴，但現在長成闊嘴樣，我也沒辦法。

學　名	*Lachnolaimus maximus*	大　小	全長91cm
分　類	硬骨魚綱・鱸形目・隆頭魚科	分布地	西、北大西洋、北墨西哥灣、南美北部的珊瑚礁區域

生物小筆記

對臺灣而言比較陌生的長棘毛唇隆頭魚，卻是在海中或水族館裡經常可見的隆頭魚類。雖然這類魚在成長後會表現出「性別改變」、「顏色改變」、「長出瘤」等各種的變身術，但其中長棘毛唇隆頭魚的變身卻又和這些不一樣。看起來良善的幼魚竟然會長成約 1 公尺長、**口部巨大化**的巨魚……由於拍照起來很神氣，所以很受釣客的歡迎，並以將牠的嘴大開，強調其巨大的照片拍法為多。

第2章 變身

大尾虎鯊

變身度

小時候有虎紋、長大變豹紋

鯊這個字，寫成「沙中的魚」，意思是我們鯊魚常底棲在沙中。那麼「大尾」又表示什麼呢？猜不出來嗎？讓我給你們提示，請抬頭看看老師，老師的眼睛很小，身上哪個部位卻很大呢？沒錯，老師的尾巴又粗又大，「大尾」就是指粗尾巴。

你們要記得，無論什麼字都有它的意義在，例如老師的名字中還有個「虎」字，**這個字描述了老師的外觀。對！就是虎斑。**喂！你們在吵什麼？啥？說我的花紋比起老虎，反而更像豹？

「笨蛋！」**我難道不知道什麼是豹紋，什麼是虎斑紋嗎？以前不是教過你們了，**回去給我好好重新溫習。

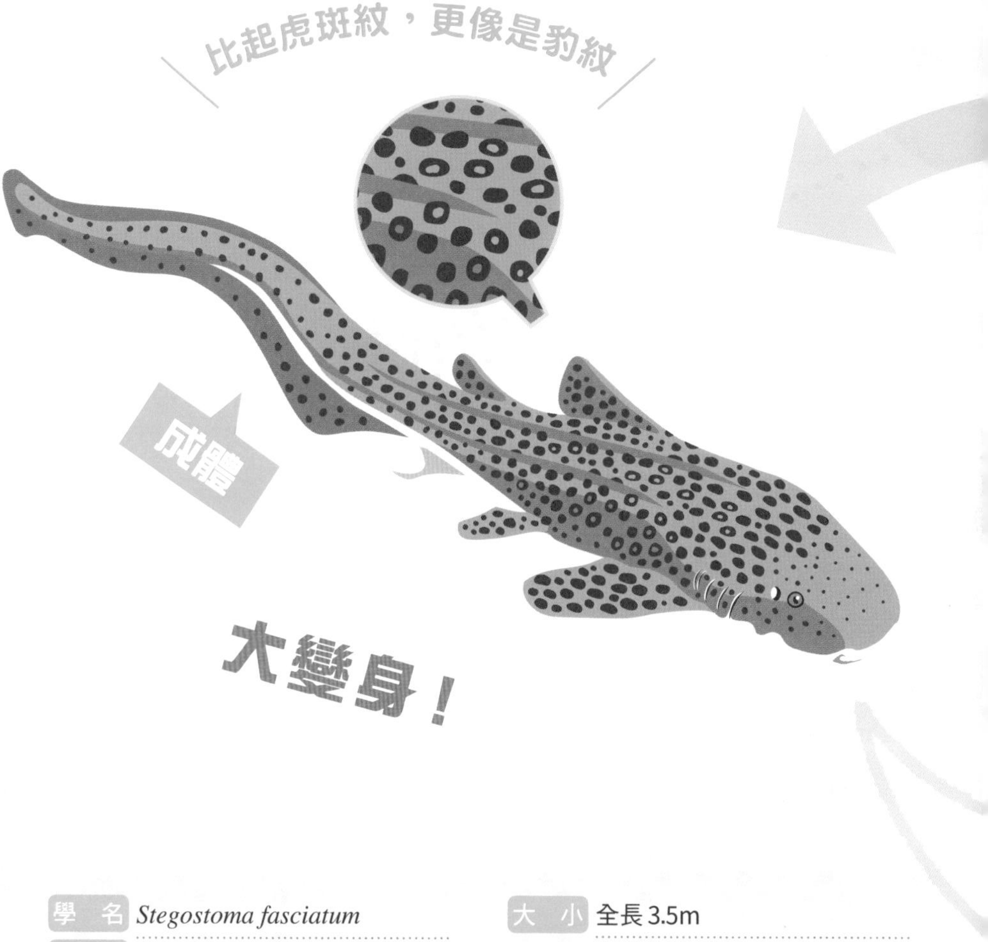

學名	*Stegostoma fasciatum*	大小	全長3.5m
分類	硬骨魚綱・鬚鯊目・虎鯊科	分布地	臺灣、印度至西太平洋的珊瑚礁區域

生物小筆記

以鯊魚為首的**「軟骨魚類」，是指雄魚和雌魚有真正交配行為的魚**，這和其他雄魚會在雌魚產下的卵上散播精子，**行體外受精的「硬骨魚類」**不同。常給人可怕印象的鯊魚，只是被電影情節渲染，像大尾虎鯊這種溫馴，靜靜待在海底的鯊魚有很多種。中文名是把幼魚的虎紋和成魚的斑紋合在一起寫成「虎鯊」，英文名則是「Zebra Shark（斑馬鯊）」，應該是來自對幼魚的條紋印象吧！

第2章 變身

特別篇 花點窄尾魟

變身度

酷似的親子間也有微妙的變化

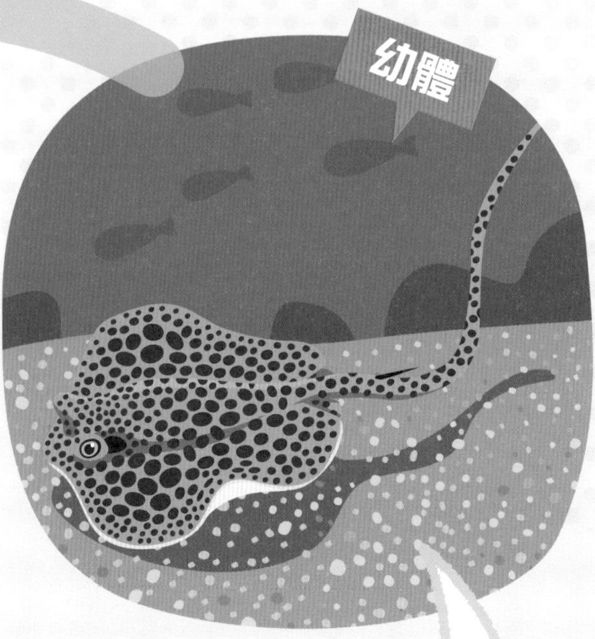

大家好，請看看我們吧！雖然有人說我和爸媽長得一模一樣，但並非如此。

比如模樣就完全不一樣，我爸媽身上穿的是豹紋，我可是圓點點呢！

還有，日文中把我稱作「乙女*」，可真是對我有過高期待，要是因此認為我的個性文靜內向就麻煩了。我爸媽可是那種整天將豹紋衣當成時尚流行，既然有那樣的父母，我自然也是縱橫街頭的妖豔辣妹嘍！

至於體型相像是理所當然的，但對我來說，更重要的是衣飾的圖樣！懂了沒？

*「乙女」有純潔無暇、氣質少女之意。

微妙……

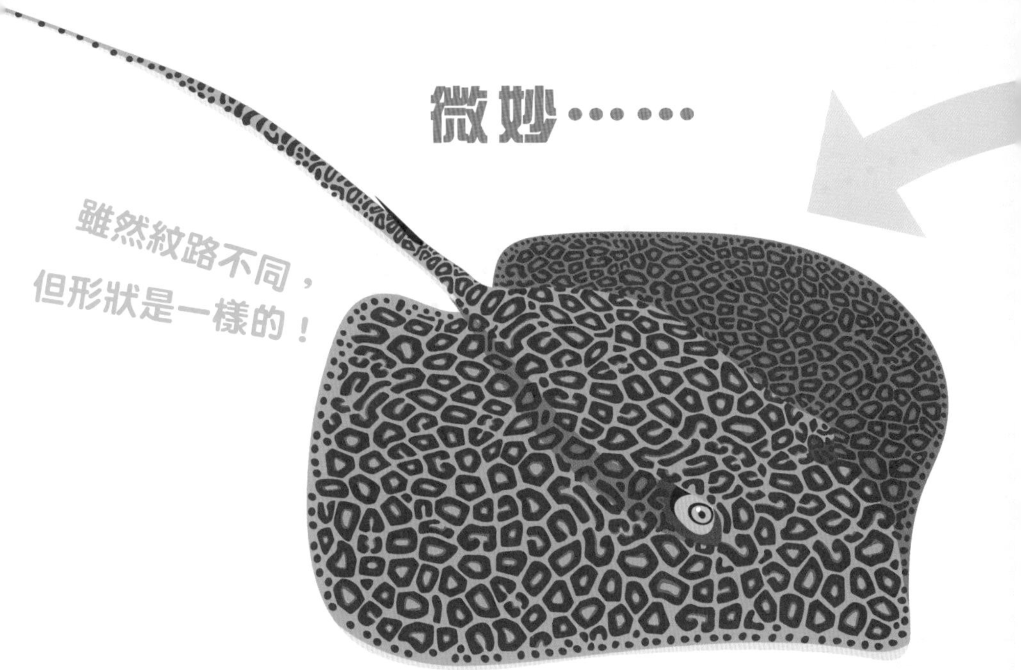

學名	*Himantura uarnak*
分類	軟骨魚綱・鱝目・魟科
大小	體盤寬 1.8m
分布地	臺灣、印度至西太平洋的珊瑚礁區域砂底

生物小筆記

有些魚類，雖然紋路多少有些變化，但卻是以和親魚酷似的姿態誕生，以鯊魚或魟類居多，理由之一是由於「**卵胎生**」這種生育方式。大多數的海水魚是產下大量的卵，求取少少一部分能長大就好，因此這些卵是以未熟的狀態誕生，一點一點的長大到接近親魚的外觀。而另一方面，有些鯊魚和魟則是讓卵在體內孵化，成長到一定程度後再生產，因為有好好保護，每回只需產幾隻強壯的寶寶，也就是少數精英，因此**誕生於世上時，外觀已經幾乎和親魚一模一樣了**，然後再長大到能自食其力去獵捕食物。

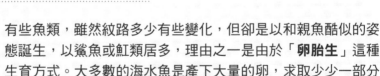

興奮雀躍！

香里武通訊

原寸幼魚寫真館

全都是真實大小

在此依照季節來介紹容易進行岸壁採集的魚類，每一種都是我實際在漁港看過的魚種，照片展現出真魚尺寸，請務必到岸壁去走走，尋找各種不同的幼魚。

春

當水溫上升，浮游生物大量發生，就會有許多以其為食的幼魚誕生。

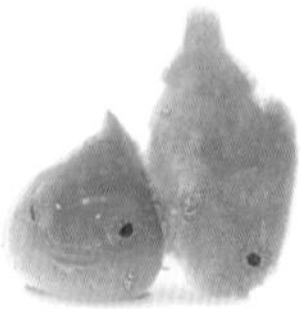

5～6月

雀魚

在往深處移動的途中，出現在夜晚的海面上。

3～4月

棘黑角魚

在海面下 20cm 附近漂浮的樣子，很像黑色的蟲子。

冬

海中的季節會晚兩個月，此時還有許多顏色鮮豔的魚兒游來游去。

1～2月

暗紋蜥杜父魚

以很像石蓴這種海藻的黃綠色姿態，漂浮在海面上。

12月

環帶錦魚

以醒目的配色沿著岸壁咻咻咻的來回游動。

12月

紅鰭擬鱗鮋ㄧㄡˊ

雖然在岸壁常能發現，但具有毒刺，要特別注意才行。

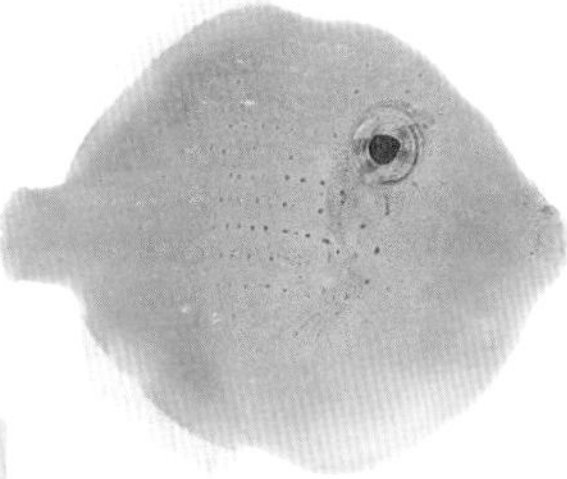

8～9月

霓虹雀鯛

雖然是以大群體出現，但是由於動作迅速，適合高級班採集家。

7～8月

綠短革單棘魨

會出現在岸壁周遭，圓滾滾的單棘魨。

夏

從南方的海洋順著海流過來的幼魚，讓漁港變得十分多采熱鬧。

9月

杜氏文鰩魚

由於是在很接近海面的地方游泳，所以能夠藉由海的波紋發現。

9月

圓眼燕魚

以酷似枯葉的身體，水平的漂浮在海面上。

擬態成枯葉、還不太擅長游泳，總在水裡亂動的幼魚群，被秋風吹動的海流帶過來。

秋

10～11月

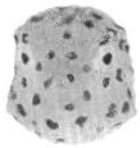

粒突箱魨

因為不擅長游泳，所以被海浪帶過來，身上的黃色很醒目。

11～12月

斑馬短鰭簑鮋

以像海藻般的外觀附著在夜晚的岸壁上。

在漁港也能夠看到其他各種各樣的海洋生物。我的官方推特，每天都會上傳採集到各種充滿魅力的生物影像，請務必來看看哦！

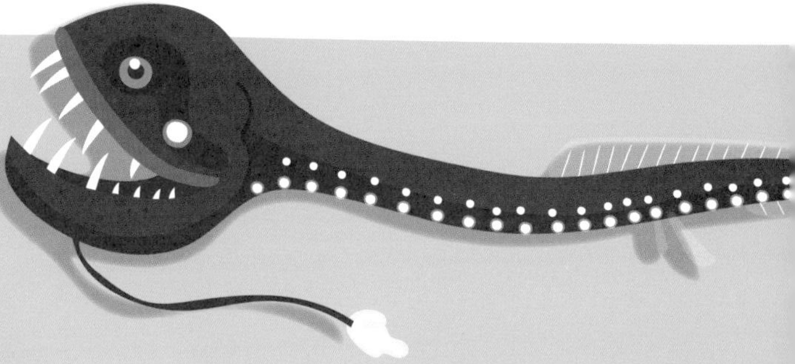

第3章 變異

我們只是變異得有點古怪

這一章專門介紹生態或行為很獨特，
具有與眾不同故事的海洋生物。
雖然有著讓人忍不住發笑的古怪特徵，
但背後透露出這些生物是如何發展出在嚴酷的環境中努力存活的演化形態。
歡迎來到有笑有淚的古怪變異世界。

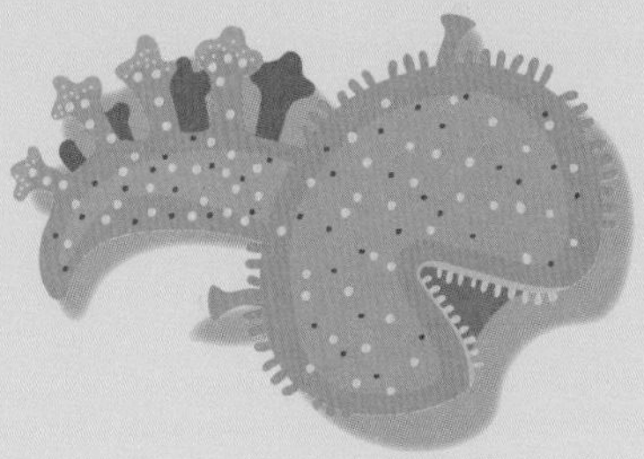

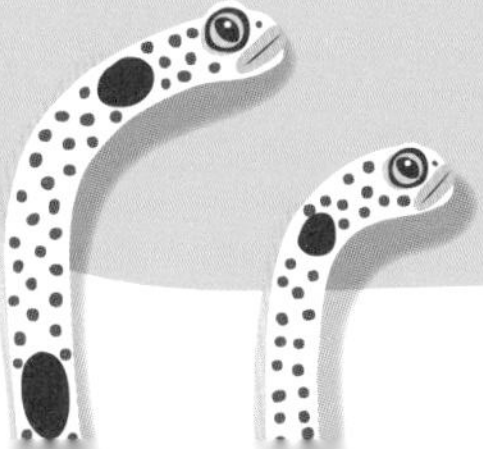

動來動去好有趣！翻頁卡通③

眼斑雙鋸魚的散步

第3章
變異

眼斑雙鋸魚

變異度

根據身體的大小，既可以變成雄性也可以變成雌性

寫給五年前的自己：

你好，我是已經長大成年的你。五年前的你尚年幼，不是曾擔憂過「將來可能談不了戀愛」嗎？關於這件事，請放心吧！

你的身體馬上就會成長到族群中**僅次於第一名的壯碩，然後以雄性身分**和美麗的太太配對。接著身體還會繼續成長，**變成族群中佼佼者**，轉成雌性，成為很棒的媽媽。

至於老年後……請看看我，現在的我有許多孩子，過著幸福生活。因此想給年輕的你建議，請趁現在多多吃飯，努力讓身體長大吧！**因為身體的大小，會決定你未來的命運……**

學名	*Amphiprion ocellaris*	大小	體長 8cm
分類	硬骨魚綱・鱸形目・雀鯛科	分布地	臺灣、印度至西太平洋的珊瑚礁區域

生物小筆記

在第二章中，介紹了從雌性轉變成雄性（雌性先熟）的側帶擬花鮨、從雄性轉變成為雌性（雄性先熟）的黑身管鼻鯙。眼斑雙鋸魚雖然是雄性先熟，但卻有點特殊，整體都是以可變成雄性也能變成雌性的狀態誕生，**在群體中身體最大的個體成熟變成雌性、第二大的則變成雄性。**當雌性消失，第二大的雄性就會替補轉變成雌性，而第三大則變成雄性候補成第二，其他個體則不參與生殖行為。

第3章 變異

蓆鱗鼬ㄧㄡˋ鳚ㄨㄟˋ

變異度 MAX!

腸子長長的延伸到外面

這不是很糟糕嗎？居然讓**長長的腸子跑到體外**。嘿！那才不是忘記收起來，也不是為了趕時髦，我告訴你，這個掛在外面的腸子超級有用，讓我變得很容易浮起來、**很容易消化，另外也會因為看起來很恐怖**，讓別人不想靠近。

當然，內臟很重要，所以需要保護，不過如果一旦受到攻擊，要是身體全部都被吃掉不就完了嗎？所以才會放到外面來。俗話不是說「顧得了前面就顧不了後面」嗎？**站在我的立場，應該要說「顧得了腸就顧不了身」**，這話是不是貼切又好笑？

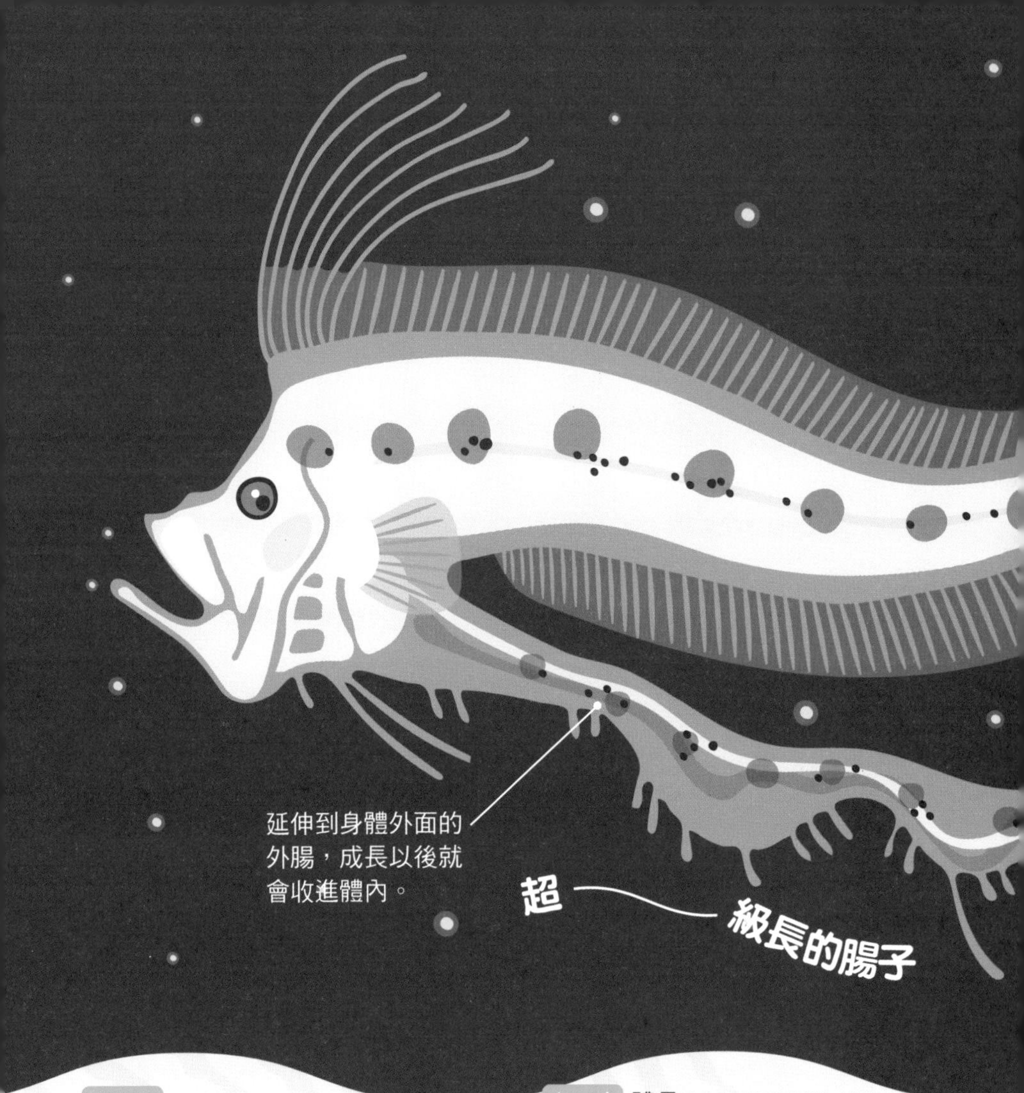
延伸到身體外面的
外腸，成長以後就
會收進體內。
超級長的腸子

學名	*Ophidion asiro*	大小	體長 1.9m（插圖的稚魚大約為 11cm）
分類	硬骨魚綱・蓎鱗鼬鳚目・蓎鱗鼬鳚科	分布地	東印度洋、澳洲、東南太平洋、大西洋的海底

生物小筆記

在深海魚的幼魚中，有些是以**將部分腸子外露的姿態游泳**，外露的腸子稱為「**外腸**」，這在鰈類或糯鰻類、巨口魚類等經常可見。為什麼會呈現這種內臟裸露在外的危險姿態呢？雖然還不知道確切的理由，不過有著「為了要增加表面積，好保持浮力」、「為了讓消化效率變好」、「對水母做擬態」、「在受到敵人攻擊時，就像是蜥蜴斷尾那樣的讓對方吃腸子，以便逃脫」等各種推測。

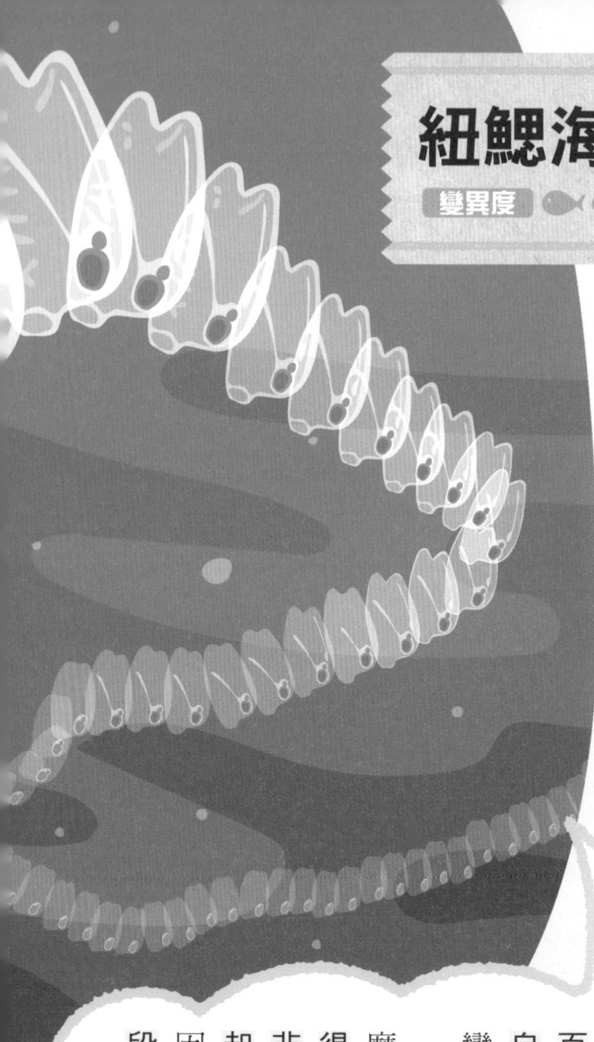

紐鰓海樽

變異度 MAX!

帶著大量的分身游泳

在海洋中有著各式各樣懂得使用忍術的生物存在，例如使用隱身術、模仿術，或是讓身體發光的發光術……不過，大家都遠遠比不上我的厲害。

我呢？則是能夠使用分身術的厲害忍者，**會製造出數十、數百個自己的分身，不但將牠們和自己連成一串**，而且還能夠一直變長。

不過傷腦筋的是不知道該怎麼變回原狀。**結果到了最後，非得拖著所有自己的分身來游泳，非得在進食時和自己的分身在一起。**算了，即使顯眼也不要緊，因為**這不是用來保護自己的手段，而是用來留下子孫的方法。**

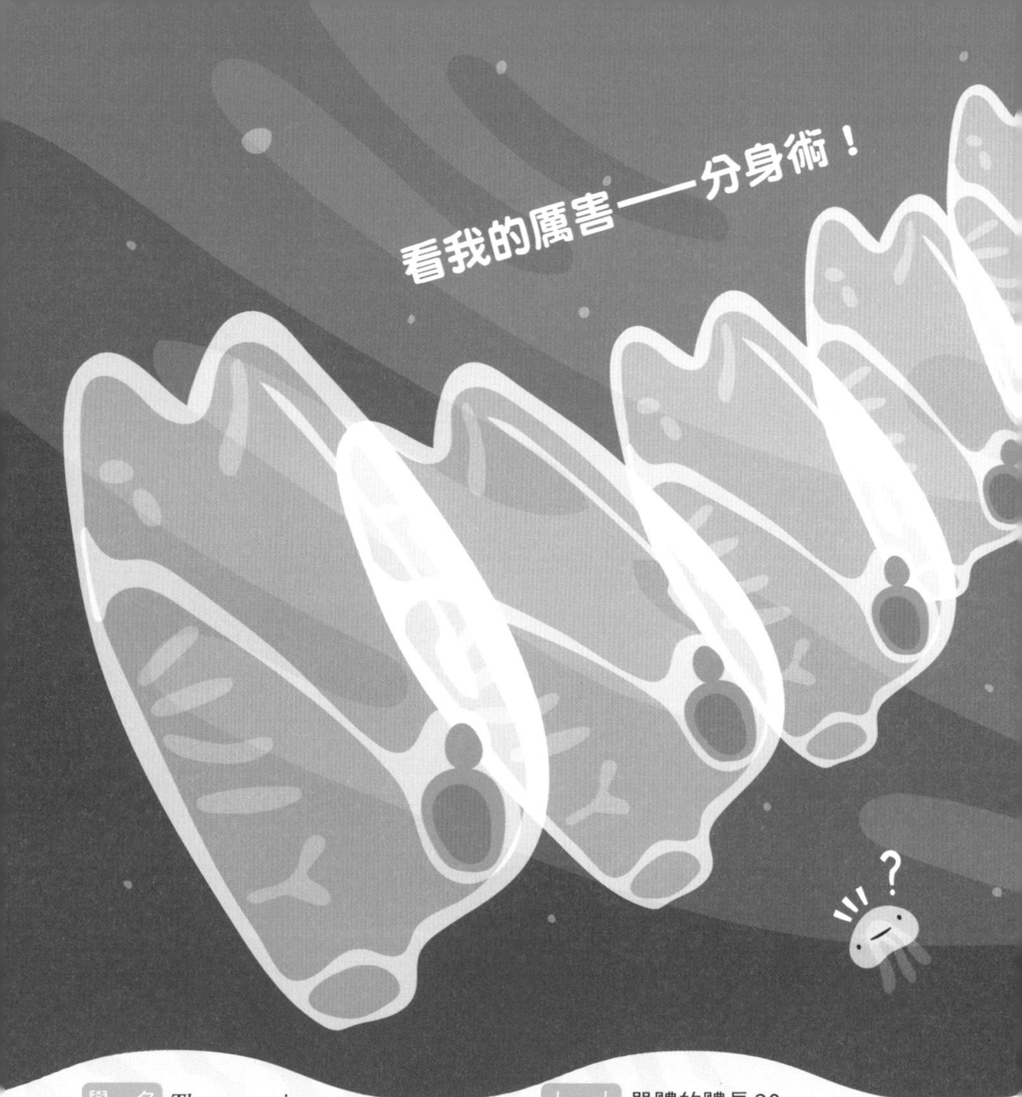

學　名	*Thetys vagina*	大　小	單體的體長 20cm
分　類	海樽綱・紐鰓樽目・紐鰓樽科	分布地	日本的本州太平洋沿岸、全世界的外洋

生物小筆記

在深海中大量棲息的海樽，雖然很像水母，卻和海鞘比較相近。算起來，紐鰓海樽在我採集過的海樽中是比較大的，牠的觸感出乎意料的堅硬，像環保寶特瓶的質感。海樽的繁殖方法非常驚人，一隻海樽會**大量製造自己的複製體（無性生殖）**，變成像鎖鏈那樣長達好幾公尺的蛇形，然後這些複製體會分別**自行扮演雄性和雌性的角色，行有性生殖**。海鱒就是以這樣的過程來一直增加的。

儷蝦

變異度 🐟🐟🐟

長大後，就沒辦法離開

學名	*Spongicola venustus*	大小	體長約2cm
分類	軟甲綱・十足目・儷蝦科	分布地	日本相模灣以南的太平洋側、菲律賓的砂泥底

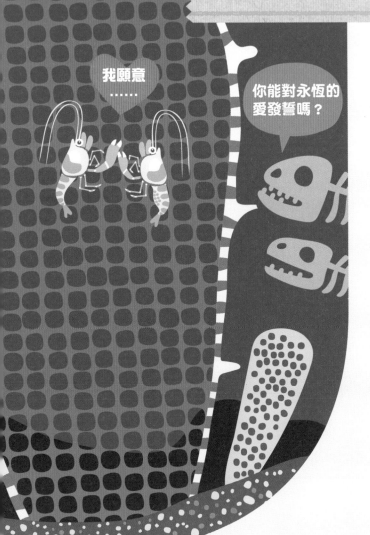

你發誓無論新娘是健康或生病，都會永遠愛她，讓她成為你的妻子嗎？

「是的，我發誓。因為，我再也無法離開這個家，只能和她一起生活了啊！」

你發誓無論新郎是富裕或貧窮，都會永遠愛他，讓他成為你的丈夫嗎？

「是的，我發誓。但話說回來，我們沒有富裕或貧窮的煩惱，因為食物總是會源源不絕的自己送上門來，一點也不虞匱乏啊！」

最後，請新郎新娘離場，大家以熱烈的拍手歡送牠們！

「沒法離場啊！我不是一直說，我們一輩子都沒辦法離開這裡嗎？」

生物小筆記

儷蝦總是一對一起生活在被稱為「**偕老同穴***」的**筒形海綿動物**裡，一輩子不會離開。因為牠們在幼生階段，就進入海綿很細的玻璃質網目骨骼中，成長後因為體型太大，再也無法從網目離開。每個海綿中只會有兩隻儷蝦，幼生時還沒決定性別，而後分成雄性和雌性，在裡面繁殖，既不會被敵人攻擊，也能以卡到網目上的浮游生物等為食，是個安逸的生活環境。

*偕老同穴，是「共同生活到老，死後也葬在同一個墓穴」之意。

海馬

變異度

天啊！爸爸懷孕了？

學名	*Hippocampus* spp.
分類	硬骨魚綱・刺魚目・海龍科
大小	高約10cm
分布地	大西洋西部、西太平洋地區

哎唷！肚子好像動了一下。好乖好乖，大家要好好長大哦！馬上就會見面了，我親愛的孩子們。

最近我的肚子鼓脹得很厲害，常擦身而過，見面的魚兒每個都對我說：「恭喜，要當爸爸了吧！」聽到這樣的稱讚，真是開心。

雖然我很想摸摸肚子，可惜我的鰭沒辦法碰到腹部，只好每天都對肚子說話：

「我的孩子們啊！聽得見嗎？**我是你們的爸爸，不是媽媽哦！大家趕快誕生吧！**帥哥我，不，是帥爸我，可是滿心期待的要見到你們呢！」

生物小筆記

海馬和人類不同，是「**爸爸才會懷孕**」。**雄性的腹部有雄性育兒袋**，雌性把卵產在裡面，然後一直到孵化為止，都是由雄性保護卵。由於袋子裡面有皺褶，所以表面積比看起來的還要大，能夠把卵安全包裹住。海馬**一次能夠產下數十到數百隻寶寶**，令人吃驚，附帶一提，寶寶是以和親魚同樣的外觀誕生，一出生就會把自己纏繞在海藻上，開始吃浮游生物。

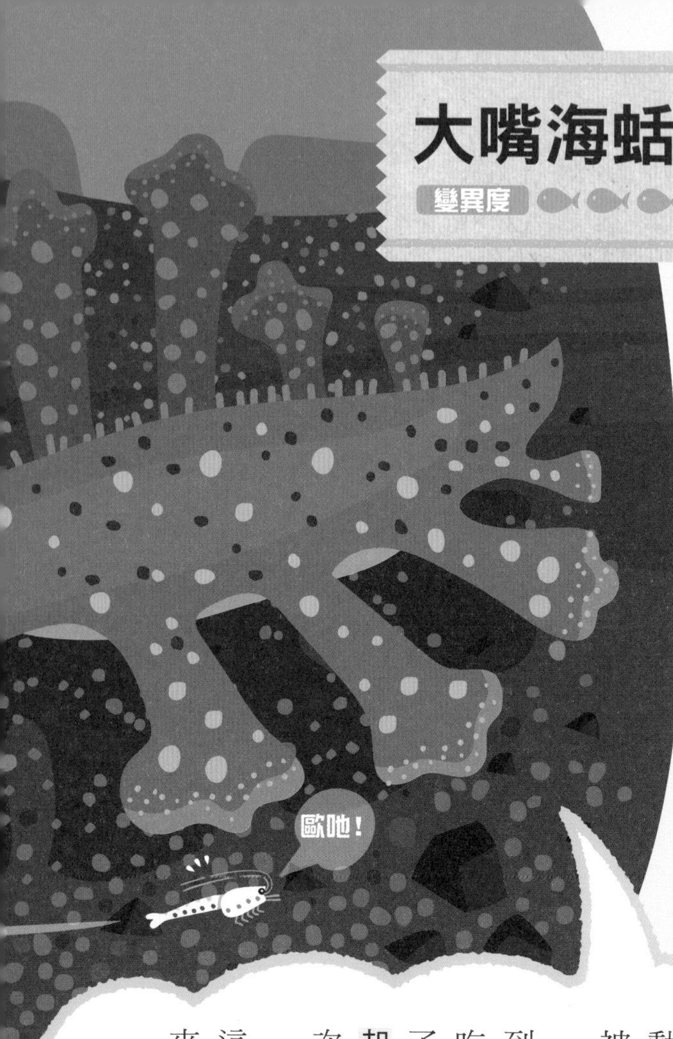

第3章 變異

大嘴海蛞蝓

變異度

雖然有很大的嘴，卻極不擅長狩獵

（打嗝）唉！獵物又溜了，好可惜哦！現在的我，**嘴雖然能張很大，動作卻很慢呢！**所以盯上獵物的時候，就得要注意不讓對方發現，不動聲響的躡手躡腳活動。可是只要啪喀打開嘴，總是被發現，獵物一溜煙就逃跑了。

（打嗝）太棒了，黑褐新糠蝦進到嘴裡了。好哦！這次要好好的吃掉牠。咦！被牠從縫隙中逃走了。**原來把嘴噘起時，牠和水一起流出去了啦！**唉！只好再來一次。

（打嗝）哇！抓到鰕虎了，咦！這傢伙怎麼一直扭來扭去？停下來，別在我的嘴裡面亂動啊！

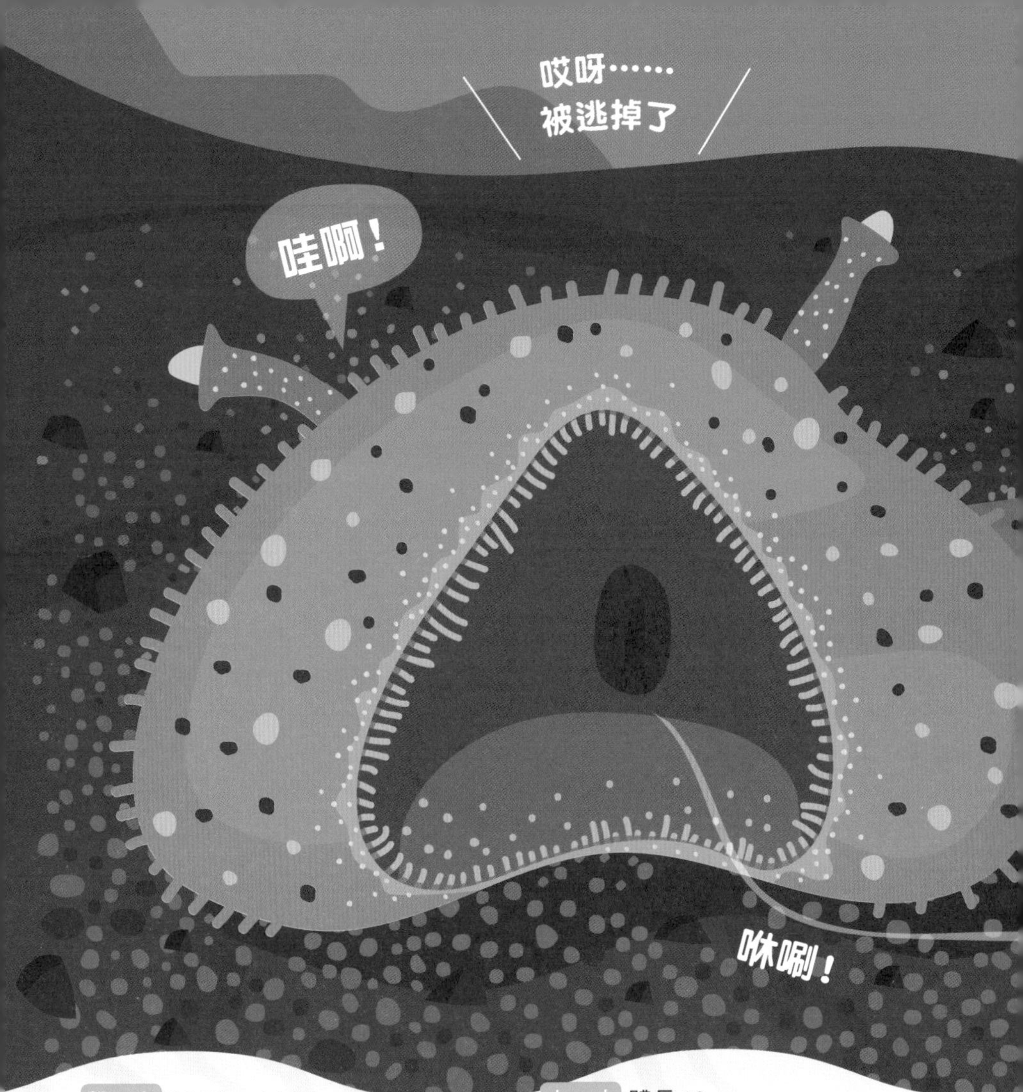

學名	*Melibe viridis*	大小	體長 10cm
分類	腹足綱・裸鰓目・大嘴海牛科	分布地	日本海、印度、西太平洋的岩礁區域

生物小筆記

在臉上有個像頭巾般又大又鼓脹的口部，在背上則有著像炸春捲般的突起，外觀很奇妙的海蛞瑜，平常雖然都在岩礁或海藻床爬行移動，不過也能夠大幅度的扭動身體游泳。攝食方法是張開大嘴，**像手拋網那樣的捕食蝦子或小魚**，為了不讓獵物逃走，閉嘴時會從周圍伸出像觸手般的東西。雖然是為了捕食獵物而演化出來的機能，但觀察後卻發現被獵物逃走的機率還滿高的，真是好笑啊！

第3章 變異

哈氏異康吉鰻

變異度

只要吵架，身體就會纏在一起

花子：**喂！你不要在靠我那麼近的地方挖巢穴啦！**這樣有東西一直在眼前動來動去，可真是會煩死我了。

美子：你才是吧！這裡原本就是我住的地方，你竟敢擅自搬過來，快離開！

花子：**這裡的海流是最棒的，你走開，到下游去啦！**

美子：為什麼我要讓你才行呢？你要是不過去，小心我撞你唷！

花子：誰怕誰！撞就撞。

美子：**等一下，身體又纏在一起了啦！**這樣不是反而靠得更近了？快想辦法解決。

學名	*Heteroconger hassi*	大小	全長35cm
分類	硬骨魚綱・鰻形目・糯鰻科	分布地	臺灣、印度至西太平洋的珊瑚礁沙質底海域

生物小筆記

從砂子中**只伸出上半身生活**的哈氏異康吉鰻，有著逗趣的姿態，成為水族館受歡迎的明星。全身都露在外的樣子很罕見，通常在水槽裡，所有的哈氏異康吉鰻會朝著同個方向，這是為了捕食流過來的浮游生物，而把頭部都迎向水流方向所致，是相當節約能源的生活方式哦！但由於捕食時會努力伸出身體，所以有時候會纏到隔壁的個體……這種**只用上半身和鄰居纏鬥**的樣子也非常惹人愛。

第3章 變異

綴殼螺

變異度 MAX!

用貝殼裝飾貝殼

我是怪盜熊坂，在深海底到處走動、出手行竊，是傳說的江洋大盜。我可是很謹慎的，不同的是，我不會把偷來的東西藏起來，**而是將它們黏在自己的貝殼上搬運，這樣一來，既能隱藏我的真面目，**也能夠加強我的防護。

不過，盜亦有道，像我只對**二枚貝下手**。有些人則是專門偷卷貝或小石頭，當然也有那種從**珊瑚到鯊魚牙，只要是掉落的東西，什麼都要的奇怪傢伙呢！**

此外，更有傢伙會對我們這些同類下手，那就是人類，總是把我們連貝殼一起收藏。就算是壞蛋，也是人外有人呢！

學名	*Xenophora pallidula*	大小	殼寬約 10cm
分類	腹足綱・盤足目・綴殼螺科	分布地	印度至西太平洋、南非

生物小筆記

像現代美術品的綴殼螺，其日本名是源自日本平安時代（西元 794～1185 年）傳說中的**大盜「熊坂長範」**。尚不清楚綴殼螺為何要把物品黏在貝殼上，可能是「為了要偽裝」、「為了要強化殼」、「為了不讓自己沉到泥裡」等。依照個體不同，黏附的物體會有不同喜好的這點也很有趣。由於從黏附的物體可以看出貝類分布狀況、甚至發現新種藻類，所以綴殼螺是**受到注目的研究對象**。

六斑二齒魨

變異度

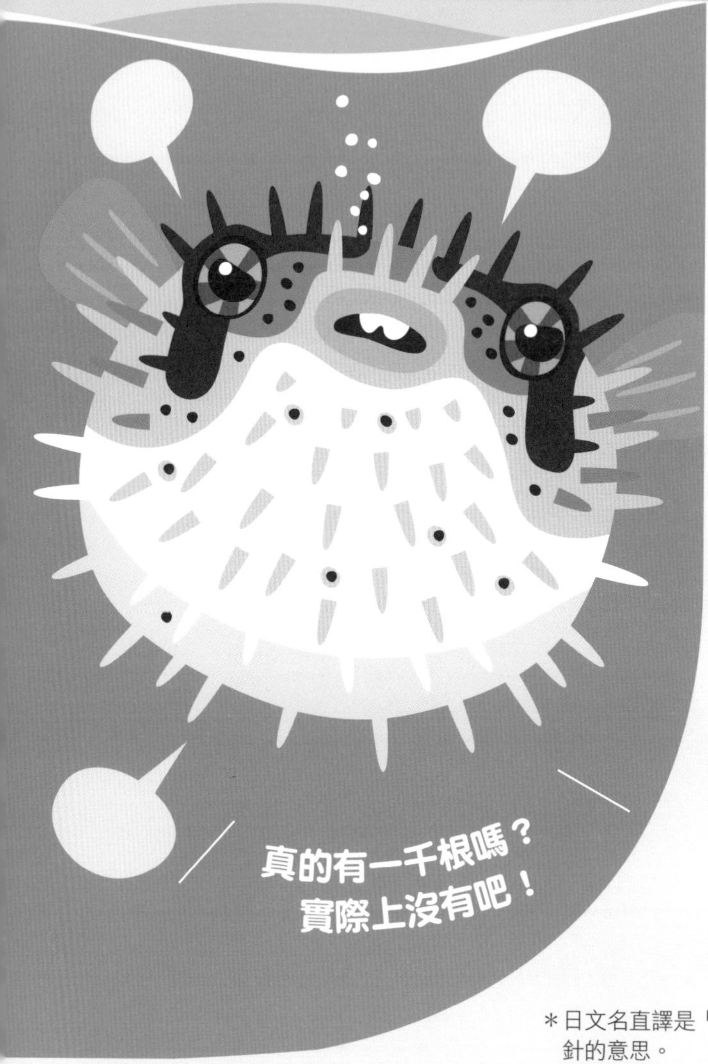

其實並沒有千根針*

*日文名直譯是「針千本」，也就是千根針的意思。

學名 *Diodon holocanthus*

分類 硬骨魚綱・魨形目・二齒魨科

大小 體長30cm

分布地 全球熱帶到溫帶的珊瑚礁、岩礁區域你說什麼？你是說我的針數不夠嗎？**我可是真真正正的針千本，竟然說我的身上沒有到一千根針？**你要給我好好的數一數啊！

喂！你可不要偷偷的把我身上的針拔走，我可是本著良心，完全沒有做任何玷汙名字的事情，你再仔細耐心的幫我重數一次吧！

333根？**為什麼會比剛剛數的還要少呢？**算了，不要太斤斤計較，直接四捨五入，進位成一千根針不就好了，這樣才名副其實啊！

不，即使是四捨五入也不夠進位哦！因為連一半的數量都還不到呢！

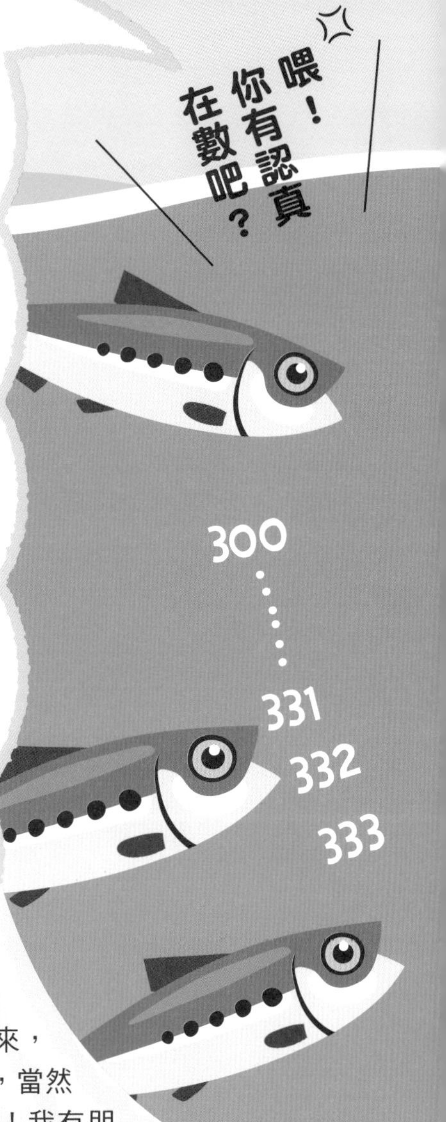
喂！你有認真在數吧？
300……
331
332
333

生物小筆記

生氣時就會喝水讓自己鼓脹起來，變成全身都是刺的六斑二齒魨，當然會認為那些刺針有千根左右吧！我有朋友曾**算過剝製標本身上的刺**，他用麥克筆一根根的在上面做記號，結果算出 **333 根**這數字。在其他的調查中，即使有個體差異，最多好像也只有「**350 根左右**」，完全不滿一千根。雖說如此，為了簡單易懂而命名為「針千本」，還真是好記呢！

第3章
變異

筐蛇尾

變異度

看起來像海藻，其實是動物

你知道嗎？我的名字是筐蛇尾唷！

我不是海藻，我屬於蛇尾陽隧足，真真切切是動物無誤。

我不是蛇髮魔女梅杜莎，這些分支不是頭髮而是腕部。

我不是來自宇宙的侵略者，相反的，我棲息在深海裡。

我不是山中的野菜，請不要只把我的腕部前端捲曲的部分放大來看。

還有，剛剛已經說過，這些不是分叉的頭髮，而是為了能高效率捕食浮游生物等而在腕部特生的分支。

最後，我的名字是筐蛇尾，筐是用竹片柳條做成的編織物，蛇尾則是長長一條，這名字和我的形狀是不是很像呢？

中文名	籃海星
學　名	*Astroboa arctos*
分　類	蛇尾綱・鯨蛇尾目・蔓蛇尾亞目・筐蛇尾科
大　小	盤的直徑 6.5cm
分布地	日本相模灣以西的太平洋

生物小筆記

在岩石上展開腕部的姿勢雖然看起來很像海藻，但牠們其實是**蛇尾陽隧足的一員**，雖然毛茸茸一團看不太清楚，實際上**腕部的基部分成五支，身體的中央部分稱為體盤**，腕部前端密密麻麻的模樣，是為了能像網子般捕捉浮游生物等食物而演化出來的。在明亮時會蜷成一團，變暗時就會盡可能的伸長，以出乎意料的速度快速活動。平時雖然位於深海，但有時候也會於夜間出現在漁港中。

第3章 變異

冰魚

變異度 MAX!

即使在冰點下也不會凍結的身體

沒錯，在下正是人類口中的「冰魚」。

為什麼這樣稱呼我呢？是因為我住在冰海裡嗎？是因為血像冰那樣透明通透嗎？那些，都不是真正的原因哦！人類應該要用更原本的姿態來幫我取名才對，真正的原因是「我不會結凍」，即使是處在比攝氏0度還要冷的南極海中，也絕對不會，因此應該要叫我不凍魚才對……

什麼？你有別種想法？要我幫你融化像冰一樣的心？

欸、剛剛，我已經說明我不會結凍了吧？喂！你為什麼不說話了？心又是什麼……

為什麼人類不幫我取名為不凍魚？

中文名	眼斑雪冰魚	大　小	全長52cm
學　名	*Chionodraco rastrospinosus*	分布地	南極海的海底
分　類	硬骨魚綱・鱸形目・冰魚科		

生物小筆記

一般來說，脊椎動物的血液中有讓血成為紅色的「血紅素」，負責運送氧氣。但由於冰魚沒有血紅素，所以**血液是透明的**，氧氣是先溶解在牠們體內的液體成分（血漿）之中，再被送到身體各處。這可能是因為牠們棲息的海洋非常寒冷，由於氣體具有越低溫就越容易溶入液體中的特性，所以寒冷的環境對牠們很適合，再加上在**血液中含有抗凍蛋白，即使在冰點下，身體也不會凍結**。

花身鯻ㄌㄚˋ

變異度

第3章 變異

明明是魚，卻會以古箏般的聲音鳴叫＊

＊日文名為「箏彈」，是彈古箏之意。

學名	*Terapon jarbua*	大小	體長30cm
分類	硬骨魚綱・鱸形目・鯻科	分布地	臺灣、印度至太平洋

聽 好了，古箏可是一種格調很高的樂器。因此在介紹我出場的時候，應該要更尊敬的稱呼我為「**花身鯻箏彈大人**」才對。

假如你們**也想要像我一樣能優美的演奏**，得要對我的古箏更加表示敬意，不能錯過一絲我彈古箏的聲音，這樣才能好好努力練習。

那麼，就讓我來為各位示範演奏，請好好聽個仔細吧！（咕嗚、咕嗚）

……欸，請不要在那說難聽！**說實在的**，用這樣的東西，**要怎麼發出美麗的聲音？這根本不是真的古箏，只是魚鰾而已**，如果要抱怨的話，先拿出品質更好的樂器來啦！

生物小筆記

有些魚類會發出叫聲，正確來說，是使用**魚鰾**＊來發出聲音。以會「啵——啵——」鳴叫的棘黑角魚（第28頁）為首，包含花身鯻在內的鯻類都是如此。魚鰾附近有著**發音肌**，花身鯻就是藉由振動發音肌來發出「咕嗚咕嗚」的聲音。雖然一般認為這是種**警戒聲或威嚇聲**，不過日本人卻聯想成古箏，並命名為「箏彈」，這是日本人與眾不同的地方吧！

＊硬骨魚體內充裝氣體的器官，可用來控制氣體量，藉此改變身體密度，調整在水中的位置。

第3章 變異

歐氏尖吻鯊

變異度

吃飯時顎部會彈射出來

秀

秀、秀秀……不要哭，對不起，嚇到你了吧！

哎呀呀！又哭了……唉！我很喜歡小朋友，想要一起玩，但是大家只要看到我吃東西的樣子，就會放聲大哭呢！

不過，我真的沒辦法啊！因為在吃東西的時候，我的顎部就會反射性的射出，讓我的臉變得很可怕，但我既不是暴怒，也不是想吵架，更不是被惡魔附身，是因為我的游泳速度很慢，為了不讓獵物逃走，於是讓口部有了這樣的演化。

你看，平常的我，是這麼平靜祥和，這才是我的本性，好啦！和我一起玩吧！

學名	*Mitsukurina owstoni*	大小	全長3.8m
分類	軟骨魚綱・鯖鯊目・尖吻鯊科	分布地	全球

生物小筆記

像抹刀般延伸的鼻尖、圓滾滾的眼睛，十分可愛的歐氏尖吻鯊，一旦獵食，在要咬住獵物的瞬間變得非常可怕，顎部會快速向前伸出補捉食物，這方式稱為**「彈射式攝食」，下顎的活動速度可達秒速3.14公尺，是魚類中最快速的**。裸海蝶也會在進食時瞬間「變臉」（第19頁）。同樣是變臉，裸海蝶被稱為「流冰上的天使」，但歐氏尖吻鯊卻被叫做「goblin shark（惡魔鯊魚）」，要是歐氏尖吻鯊知道，一定會生氣吧！

巴西達摩鯊

變異度 MAX！

第3章 變異

會將獵物刮下圓圓一圈肉

你們看，我的滿口牙齒，**是不是像老練工匠仔細打造的鋸子**？不論對手多壯大，都能夠用我這口自豪的牙齒將牠咬碎哦！

請仔細瞧一瞧，我咬著巨大鯨魚不放的雄姿（轉圈圈）……嗯哼！真滿足。

好了，已經結束了唷！咦？我不知道你在期待什麼，我可是**體型小的鯊魚**，不可能把鯨魚全部吃完吧？通常**只要吃一口就已經足夠了**，這樣食物既不會少太多，對方也不會死。何況，**我咬出來的美麗圓形咬痕也會留在對方身體上**。

這不全都是美事嗎？

學　名	*Isistius brasiliensis*	大　小	全長 50cm
分　類	軟骨魚綱・角鯊目・黑棘鮫科	分布地	全球

生物小筆記

整齊的齒列是巴西達摩鯊的特徵，相對於大多數的鯊魚是咬食住比自己小的動物，巴西達摩鯊的進食方式與眾不同。用吸盤般的口部吸附在鯨魚或鮪魚等大型動物的體表，把牙齒靠上去後旋轉身體，乾淨俐落的**在體表削掘出一個直徑約 5 公分的漂亮正圓形傷口**。由於對被咬的一方來說，這並非致命傷，只會留下傷痕，但一直這樣下去，還真令人感到困擾啊！

第3章 變異

布氏黏盲鰻

變異度 MAX!

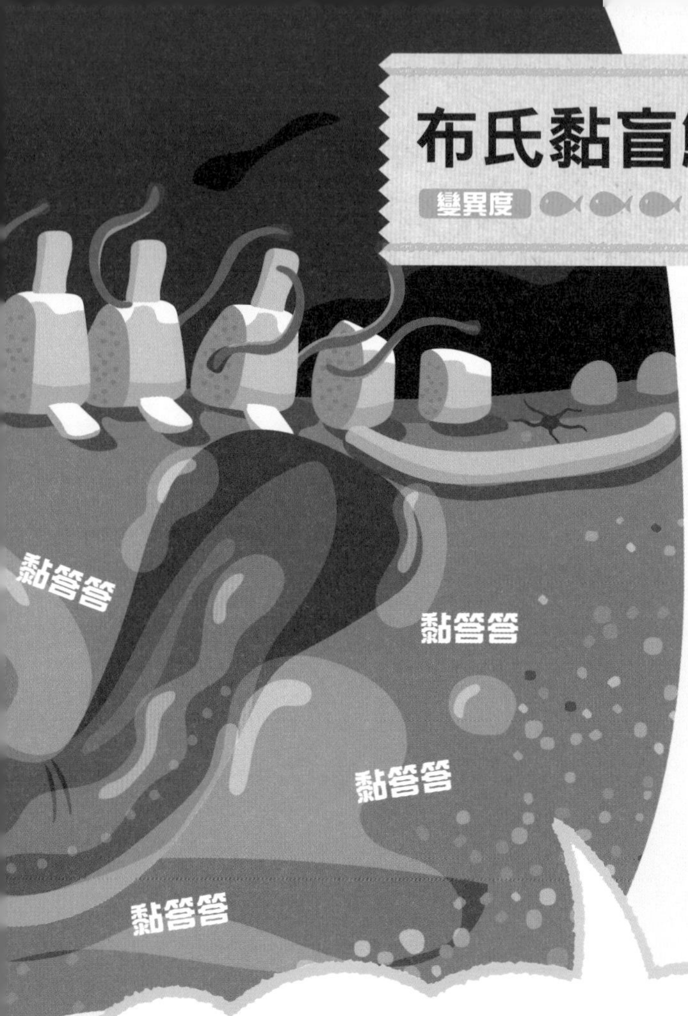

以黏答答的黏液攻擊敵人

你好，我是清潔公司的員工，我來打掃鯨魚的屍體。不不，即使是假日也不必介意，請儘管吩咐，我們是全年無休的從事清掃工作哦！**要是我們休息，深海就會堆滿了腐壞的屍體呢！**

啊！請不要來干擾我們的打掃，我會生氣，**要是我生氣了，就會分泌出很多黏液**，那會讓我們明明是來打掃，卻反而弄得更髒的回去！

在做這工作的時候，有時也**會被鯊魚攻擊，黏液，就是我擊退敵人的武器呢！**

學　名	*Eptatretus burgeri*
分　類	盲鰻綱・盲鰻目・盲鰻科
大　小	全長60cm
分布地	臺灣、西北太平洋

生物小筆記

由於布氏黏盲鰻會吸附在大型魚類或鯨魚的屍體上進食，所以稱為「深海的清道夫」。在感受到緊迫時，會釋出**大量的黏液**，和海水反應變成膠狀。要是把手伸進有布氏黏盲鰻在的水槽裡攪動，手就會像是長出蹼那樣變得黏答答的。黏液具有在敵人攻擊時，**能堵住對方的鰓，讓對方不能呼吸的功能**。有些研究想要從黏液中的纖維來開發新素材，其實牠們對我們的生活也有些幫助。

第3章 變異

喬氏高體八角魚

變異度

用武將的名字命名*

沒想到就連來深海，閣下也再次出現在我的面前，但您怎麼都沒有什麼改變呢？**我的鎧甲仍是沉穩素雅的茶色，而您的鎧甲仍是鮮艷的紅色**，就像以前你我敵軍交鋒時一樣啊！

那時候的您的確說過這句令人感動的話：「到了極樂淨土的世界後，不會再分敵我，那時就一起化為蓮花的樣貌吧！」

雖然我們的樣貌相似，但現在彼此的形象也相差太多了吧！

過去曾經是位美少年的您，果然無論到哪裡都仍想要引人注目，那時感動的相信閣下說的話而變得這般樸素的我，實在是太蠢了……

*喬氏高體八角魚在日文中是以「熊谷」命名；而「斑鰭髭八角魚」則是以「敦盛」命名，熊谷和敦盛兩人均為日本平安時代的著名武將。

中文名	斑鰭髭ㄗ八角魚
學　名	*Agonomalus proboscidalis*
分　類	硬骨魚綱・鱸形目・八角魚科
大　小	體長 17cm
分布地	西北太平洋日本北部至鄂霍次克海海域的岩礁區域、砂泥底

中文名	喬氏高體八角魚
學　名	*Hypsagonus jordani*
分　類	硬骨魚綱・鱸形目・八角魚科
大　小	體長 16cm
分布地	西北太平洋日本至庫頁島海域的岩礁區域、砂泥底

生物小筆記

這兩種魚的命名是取自日本平安時代，以敵我互戰的平家武將「平敦盛」和源氏武將「熊谷直實」的故事。雖然彼此惺惺相惜的熊谷最後仍殺死了敦盛，但在**日本能劇《敦盛》**中，演出了敦盛留下的約定「在極樂淨土成為相同樣貌」後消失的一幕。沒想到故事的後續，居然會在海底繼續演繹！屬於近緣種的這兩種魚，幾乎完全相同，但顏色卻很不一樣，**用敦盛和熊谷**來命名，真讓人佩服！

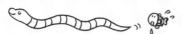

後頜魚

變異度

爸爸用嘴來孵化寶寶

中文名	黃頭後頜魚	大　小	全長10cm
學　名	*Opistognathus aurifrons*	分布地	西、中部大西洋、佛羅里達至南美的砂礫底
分　類	硬骨魚綱・鱸形目・後頜魚科		

你在看什麼？走開，到那邊去，我正在育幼呢！要是太靠近的話，我可是要咬你了哦！什麼？你說我的臉長得像青蛙？對著我這位美男子到底是在說些什麼傻話？你這傢伙！

……雖然想要這樣罵，但是因為**嘴裡面含著卵，結果什麼也沒辦法說**。嗚嗚嗚！真是沒面子啊！

不過，這是父愛的證明，因為**我發過誓，到寶寶孵化出來為止，絕對不會讓卵從我的嘴裡掉出來**。

不論被怎麼樣看不起，我都不會回嘴，不論肚子有多餓，也什麼都不會吃唷！

……啊！有隻我最愛吃的鉤蝦經過了，長得有點像卵呢！啊！好想吃啊！

生物小筆記

後頜魚是種**「口孵」魚類**，能夠很靈巧的搬運小石子築巢。雄魚會用嘴孵育雌魚所產下的卵，直到孵化為止。同樣行口孵的半線鸚天竺鯛的雄魚，基本上到孵化之前什麼都不吃，不過後頜魚卻曾被觀察到會把卵藏在巢穴的深處，把獵物吃掉後再把卵放回嘴裡的行為。這種邊育幼邊很有效率的攝取營養，是**會築巢的魚才做得到的特技**。

第3章 變異

穴口奇棘魚

變異度 MAX!

不論兒時或長大後，都像外星生物

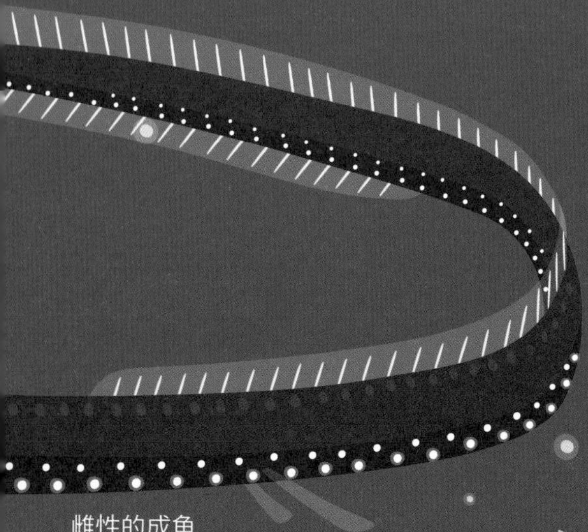

雌性的成魚

稍等一下，那邊的你啊！請聽我說，幾乎所有的魚，即便小時候的臉長得像外星生物一樣，成長以後，不是都會變成普通的臉嗎？相反的，也有長得很可愛的小孩，在成長以後，變得像外星生物的種類呢！

可是，請看看我的狀況，我從外星生物狀態成長後還是外星生物，只是變成別種型態的外星生物罷了。從眼睛咚的脫離臉部吊掛在外的莫名其妙臉，變成長著利牙的怪物，真是討厭啊！

不過，我家老公既沒有尖銳的利牙也沒有長長的鬍鬚，完全是正常的樣貌，真令人生氣！

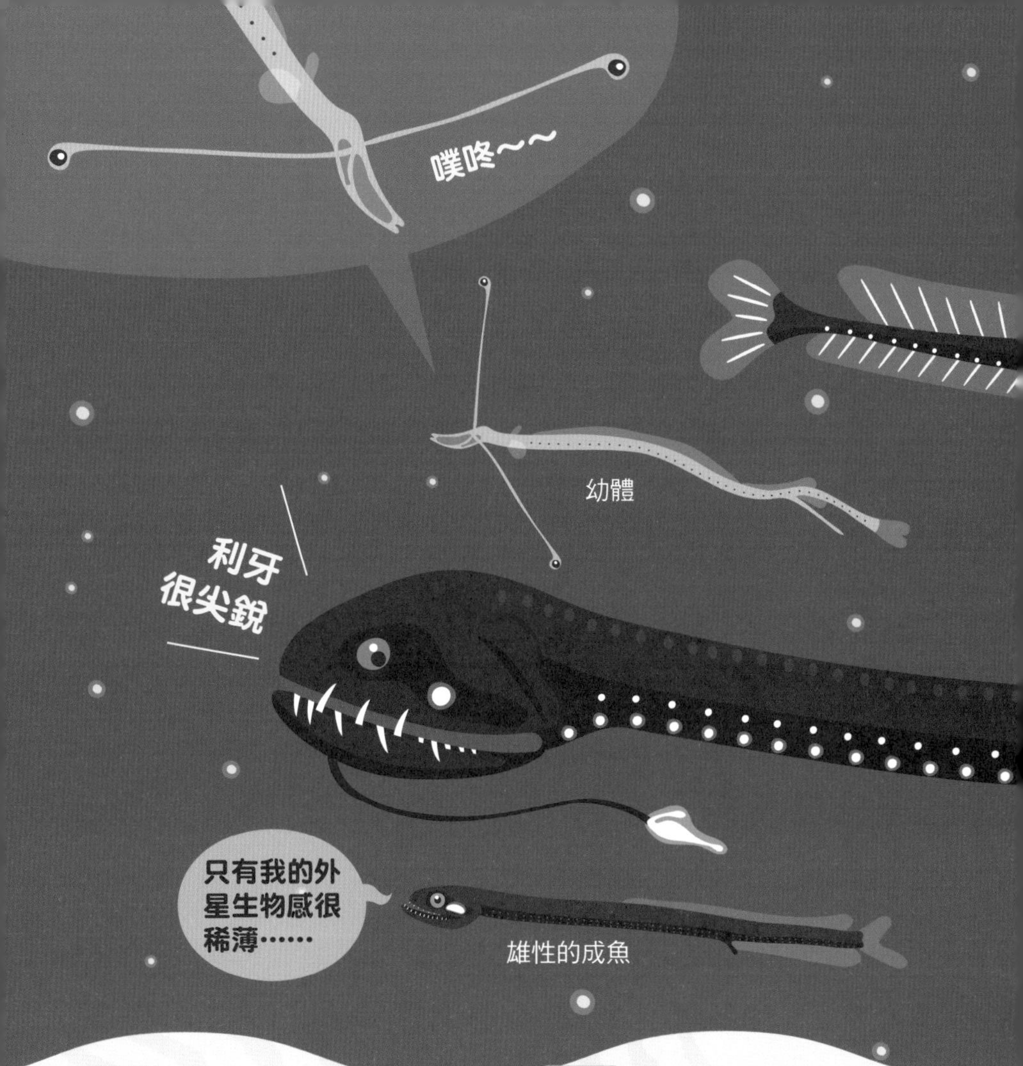

噗咚～～
幼體
利牙很尖銳
只有我的外星生物感很稀薄……
雄性的成魚

學名 *Idiacanthus antrostomus*

分類 硬骨魚綱・巨口魚目・奇棘魚科

大小 體長 50cm（雌性）、體長 5cm（雄性）

分布地 日本北海道、北太平洋的溫帶區域的深海

生物小筆記

雖然原因不明，但**幼魚的眼睛很奇特的懸掛在外側**，有「能擴展視野以便尋找食物」、「保護自己不受敵人攻擊」等推測，不過眼睛會隨著成長而收納回臉部。成魚的雌魚長有往內側傾斜的銳利長牙，是為了讓捕捉到的獵物絕對無法逃脫，不論是哪一種外星人臉都有其意義在。**雄魚的體長只有雌魚的 1/5 到 1/7 左右**，體內的內臟不完整，只為了繁殖而活的這一點，也是深海魚所常見的。

尤氏擬管吻魨

變異度 MAX!

吃過鱗片後嘴就變彎了

深海的花衣吹笛人，就是我尤氏擬管吻魨。聽說在德國也有個花衣吹笛人，當他吹笛子的時候，鎮上的所有小朋友都會跟著他走，對吧！

我則正好相反，是我自己跟過去的，**我跟在其他的魚後面，伺機吃牠們的鱗片**。

像我們這種魚，各自有各自擅長獲取食物的方向，我是右撇子，所以是**從魚的左側剝除鱗片，我的口部就是往右邊彎**。因為我體型小游泳速度又不快，只能偷偷跟在後面等待機會！

什麼，你說這叫跟蹤狂是嗎？好吧！我就瀟灑的承認，我就是跟蹤狂。

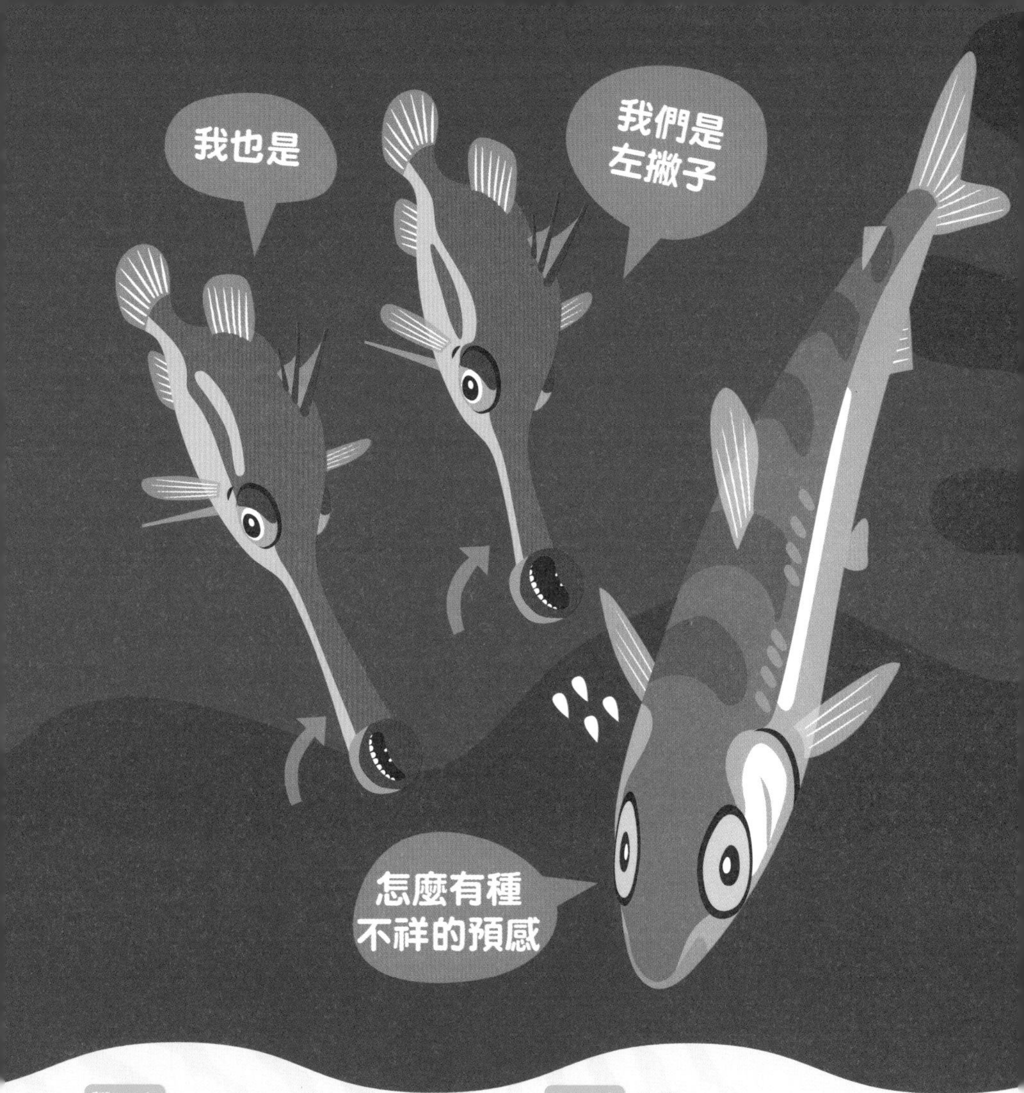

學名	*Macrorhamphosodes uradoi*	大小	全長18cm
分類	硬骨魚綱・魨形目・擬三棘魨科	分布地	臺灣、印度至西太平洋

生物小筆記

像尤氏擬管吻魨這樣具有**剝除其他魚的鱗片來吃**的食性的魚類，稱為「**食鱗魚**」。依據個體不同，會有左右撇子習慣攝食的位置，有的會從魚的右側攻擊，有的則從左側攻擊，配合習性，口部也會往左右的某一方彎曲，是具有不對稱構造的稀有魚類。這種個體差異，是為了不要在某個生活空間中互相爭奪食物而產生的演化，這種現象稱為「**攝食生態位**」。

第3章 變異

澳洲枝葉海龍

變異度

總是在模仿海藻的樣子

小時候，父親就跟我說：「只要有信心，什麼都能夠變得成。」深信不疑的我不停練習，就真的可以變身了呢！你看哦！

（我是海藻……我是海藻……噹噹！變身成……海藻！）

……如何？不不、雖然外觀沒有改變，我原本就是和海藻長得一模一樣。但我說過了啊！重要的是心，讓自己像海藻，和讓自己變成海藻是有很大差別的。長得像是天生的，能不能變成那樣東西是才能。那不是誰都做得到的唷！我是特別的。

學　名	*Phycodurus eques*	大　小	全長35cm
分　類	硬骨魚綱・海龍目・海龍科	分布地	澳洲南部的淺海

生物小筆記

雖然本人說最重要的是心，不過牠們的外觀已經和海藻長的十足像，是**擬態生物**的代表性存在。像鰭般的花邊雖然全身都有，不過在游泳時會動到的**只有背鰭和胸鰭**而已。牠們雖然是很接近海馬的魚類，卻和大多數的海馬類不同，並不能夠把尾巴捲在海藻上，總是漂浮著生活。雖然棲息在澳洲，但是由於水質汙染和沿岸的開發等而導致個體數減少，**讓人擔心牠們將來會滅絕**。

小頭魷

變異度 MAX!

內臟帶有防手震機能

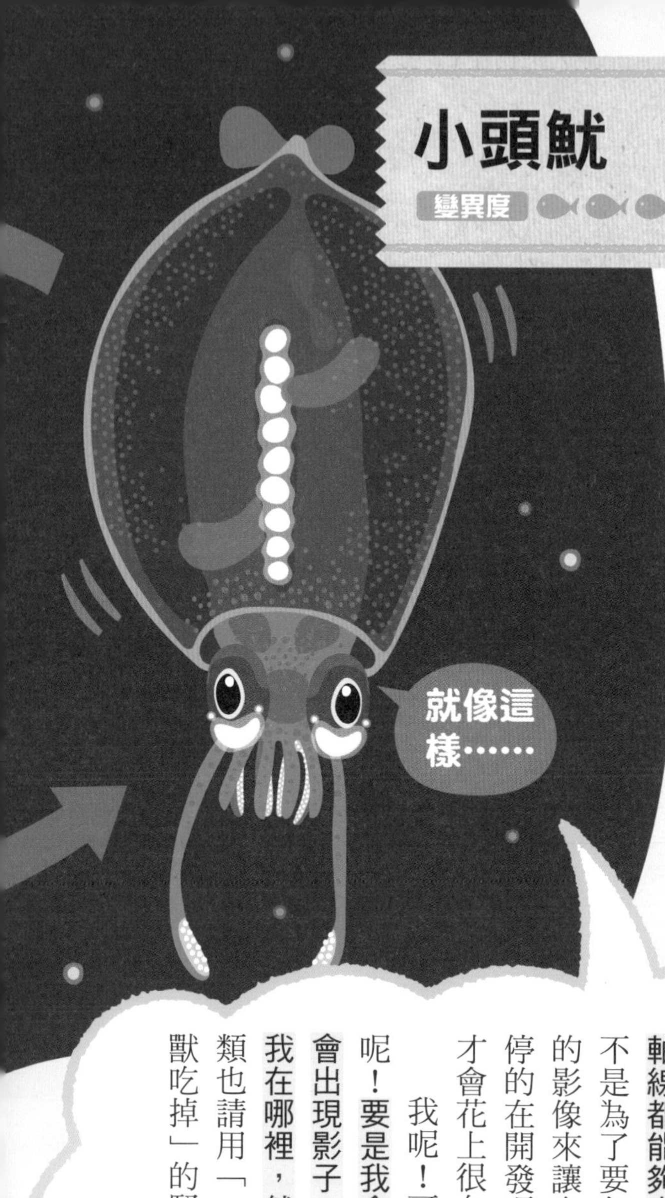

人類的科學技術，好像總算追上我了，我等很久了呢！我可是從以前就已經具有最先進的防手震補強機能嘍！

不論我採取哪種姿勢，內臟軸線都能夠直直的豎立著。人類不是為了要怎麼用相機拍出好看的影像來讓自己開心，而一直不停的在開發嗎？就是因為這樣，才會花上很久的時間。

我呢！可是賭上自己的生命呢！要是我會震動的話，內臟就會出現影子，立刻會被敵人發現我在哪裡，然後把我吃掉呢！人類也請用「一手震就會被地底怪獸吃掉」的緊張感來加油啊！

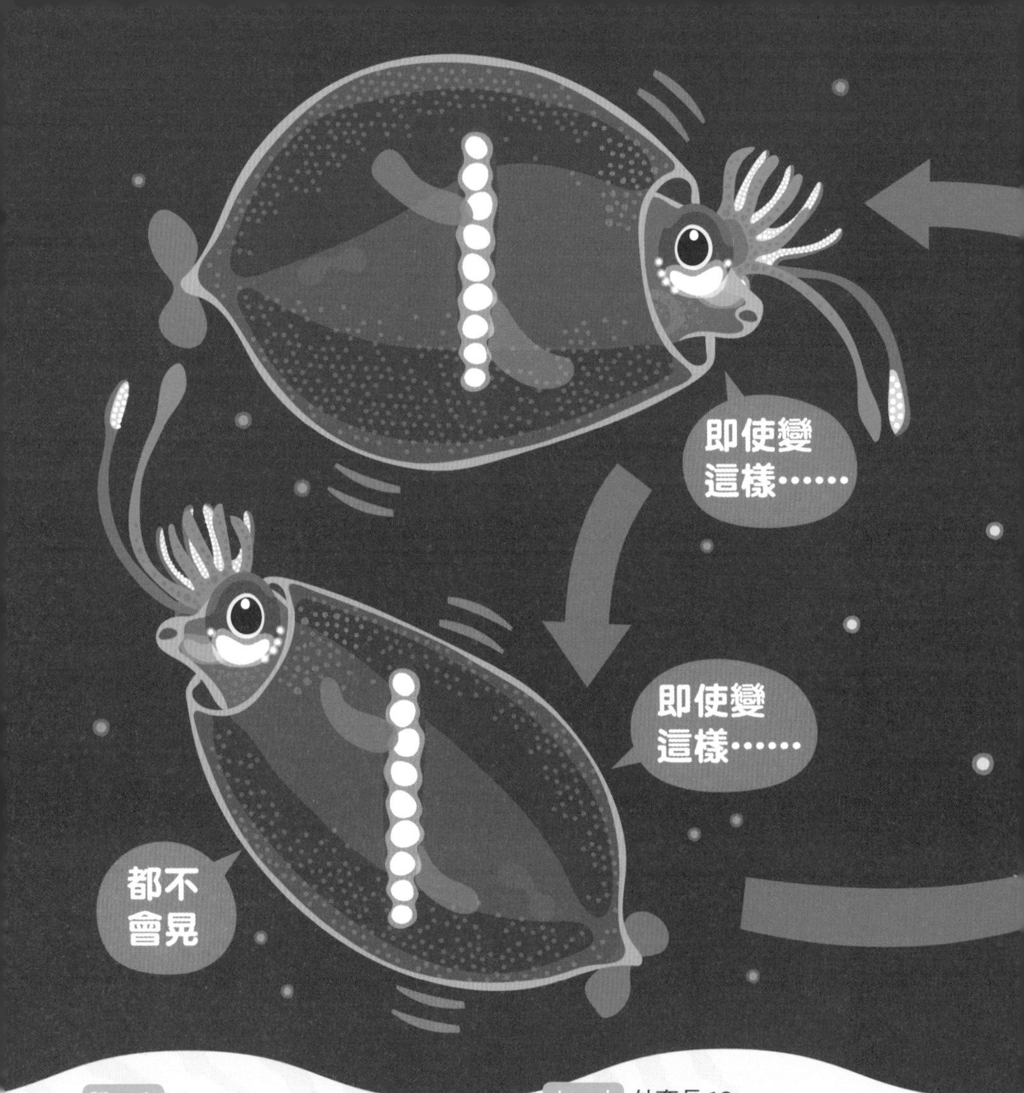

學名	*Cranchia scabra*	大小	外套長 13cm
分類	頭足綱・魷目・小頭魷科	分布地	全世界的溫帶地域

生物小筆記

小頭魷的特徵是往上方長的腳，雖然身體完全透明，但內臟卻是不透明的，這是**為了讓吃下去的發光生物的光不會漏到外面去**。只不過這樣，細長的內臟會因為照射到微弱太陽光而浮現出影子，為了避免被位於下方的敵人發現，就會極力避免影子產生，而**總是讓內臟對著海面呈垂直站立**的樣子。這完全就像是為了要防止拍照時手震的**橫向穩定桿那樣的驚人構造**。

第3章 變異

日本櫻花鉤吻鮭

變異度

依生長場所不同，做出巨大改變

你好，你也是來河口野餐的嗎？哇！是從大海來的嗎？銀色的大型身體真漂亮啊！我啊！有著從前在這附近玩的時候，和姐姐分散了的悲傷記憶，從那時起和姐姐就再也沒有見過面了……雖然我現在在河川的上游生活，不過只要想起姐姐，就會時不時的造訪這個河口。

……什麼？你也是在這裡和你妹妹失散的嗎？是一年前的春天？有沒有可能你就是櫻姐姐？騙人！你的外表改變太多，我完全認不出來了，沒想到居然能夠再見到面！

讓我們再次一起在河裡生活吧！

	降海型	陸封型
中文名	降海型日本櫻花鉤吻鮭	陸封型日本櫻花鉤吻鮭
學　名	*Oncorhynchus masou*	*Oncorhynchus masou*
分　類	硬骨魚綱・鮭形目・鮭科	硬骨魚綱・鮭形目・鮭科
大　小	尾叉長 70cm	全長 30cm
分布地	日本北海道至九州的河川和海、朝鮮半島、鄂霍次克海	日本北海道至九州、朝鮮半島的河川

生物小筆記

明明是同種，卻因為**在海中或在河川中成長，而讓大小、體型、模樣，甚至連名字都區別開來**。到海裡去的個體，幼魚時的大斑紋會消失變成銀色，最大可成長到 70 公分；而一輩子都在河裡度過的個體，很多在成長以後也還留有斑紋，體長約 30 公分左右，又稱為山女魚。在海裡成長的降海型日本櫻花鉤吻鮭的雌魚，在春天時會回到誕生的故鄉河川產卵，並在那裡結束一生。

興奮雀躍！

香里武通訊

臺灣和日本的水族館

來趟觀察海洋生態的知性之旅吧！

在知道海洋生物的有趣生態後，接下來就準備動身，真正去造訪看看吧！讓我們一起前往充滿發現、感動和療癒的水中天堂——水族館，出發！

到各地的水族館參觀吧！

無論是臺灣或日本，都有許多水族館，尤其日本，是世界最大的水族館大國，水族館的數量超過100座，座落在住家附近、旅行的目的地、上學途中……只要有水族館，就很容易成為該地區的焦點特色吧！

水族館的樣貌五花八門，例如擁有深具魅力大水槽的水族館、能夠看到生物自然狀態的水族館、重現當地海洋樣貌的水族館等。此外，由於水族館也通常設有研究部門和設施，因此常會根據水族館的研究方向，展示很有特色的研究成果，其中或多或少應該都能讓我們看到本書中登場的怪奇動物，甚至其變化狀態吧！

在這裡，列出臺日部分的水族館*和推薦的重點一起做介紹。請帶著這本書去逛逛，至於可能會看到哪些水生動物呢？請參考第156頁的收藏清單哦！

屏東縣 國立海洋生物博物館

屏東縣車城鄉後灣村後灣路2號
☎08-882-5678

以水的跨時空旅行為展示主軸，整合活體養殖與立體成像的科技，呈現出古代與現代海洋生物演變奧祕與精采萬分的海洋生命多樣性。

基隆市 國立海洋科技博物館

基隆市中正區北寧路367號　☎02-2469-6000

一座結合數位、活體、水下實景的新型態水族館，在潮境保護區旁飽覽無敵的山海美景。不能錯過龍王鯛、水母、幻影階梯和光之河。

＊前六個為臺灣的水族館，其餘為日本各地知名的水族館。

青森縣 青森縣營淺蟲水族館

青森市淺虫字馬場山1-25
☎＋81-17-752-3377

重現扇貝和海鞘的養殖風景的嶄新海底隧道是其特徵，可以近距離感受廣布於眼前陸奧灣的豐饒。

新北市 野柳海洋世界

新北市萬里區野柳里港東路167-3號
☎02-24921111

在一百多公尺的海底隧道中，將百餘種水中生物與野柳奇岩怪石造景融為一體，讓你彷彿置身在一場奇幻不思議的海底探險裡。

宮城縣 仙台海洋森林水族館

仙台市宮城野區中野4丁目6
☎＋81-22-355-2222

有日本東北最盛大的海豚、海獅、鳥類的展演，重現世界三大漁場的日本三陸海洋展區，既磅礡又壯觀。

花蓮縣 遠雄海洋公園

花蓮縣壽豐鄉鹽寮村福德189號
☎03-812-3100

臺灣首創海洋生態互動式主題樂園，遊客可透過「海洋探索館」認識東部海洋特色中的鯨豚等，進而重視海洋生態保育和海洋的重要性。

山形縣 鶴岡市立加茂水族館

鶴岡市今泉字大久保657-1
☎＋81-235-33-3036

最受人注目的是「水母展廳」，有60種以上的水母悠游其中，同時展廳也對水母生態做詳細解說。

澎湖縣 澎湖水族館

臺灣澎湖縣白沙鄉岐頭村58號　☎06-993-3006

位於臺灣離島，是座小而美的水族館，致力於海洋教育，十分重視生物的生活品質，無論飼育與環境都悉心照料，有機會來參觀，千萬不要錯過餵食秀唷！

茨城縣 Aqua World 茨城縣大洗水族館

東茨城郡大洗町磯濱町8252-3
☎＋81-29-267-5151

展示著50種以上的鯊魚，深深令喜愛鯊魚的人無法抵抗，看鯊魚在水槽中悠哉游動，彷彿科幻電影一樣。

桃園市 Xpark

桃園市中壢區春德路105號　☎03-287-5000

Xpark為臺灣首座新都會型水生公園，將地球上各式各樣的生態環境，透過空間與科技忠實重現，彷彿身歷其境，是一間能夠使用五感體驗的水族館。

新潟縣 新潟市水族館 瑪淋匹亞日本海

新潟市中央區西船見町5932-445
☎ +81-25-222-7500

是座不遺餘力傳達日本海其雄偉壯觀魅力的水族館。擁有以赤鯥為首的珍稀深海魚展示，是這裡的特色。

千葉縣 鴨川海洋世界

鴨川市東町1464-18 ☎ +81-4-7093-4803

其中最具人氣的是虎鯨的展演，同時這裡的造景水槽亦重現熱帶島嶼珊瑚礁的精采生態，可自不同角度欣賞。

新潟縣 上越市立水族博物館 海語

上越市五智2-15-15 ☎ +81-25-543-2449

位於日本海旁，館內的大水槽和海豚池的無邊特殊設計，和日本海連成一線，十分壯麗，能近距離看到麥哲倫企鵝也是魅力之一。

東京都 品川水族館

品川區勝島3丁目2-1 ☎ +81-3-3762-3433

以又長又壯觀海底隧道自豪的都會療癒景點，只要造訪這裡，就能知道東京灣的魚類有多麼豐饒。

石川縣 能登島水族館

七尾市能登島曲町15部40
☎ +81-767-84-1271

是日本海側唯一能看到鯨鯊展示的水族館，有海豚、海獅展演、還能進行和企鵝一起散步等各種體驗。

神奈川縣 橫濱八景島海洋樂園

橫濱市金澤區八景島 ☎ +81-45-788-8888

有不同主題的四大水族館，以及各式各樣的遊樂設施，是能讓全家人都玩得很開心的「海洋、島嶼、生物」的主題性樂園。

福井縣 越前松島水族館

坂井市三國町崎74-2-3 ☎ +81-776-81-2700

以能夠進入水槽觸摸魚類的海水池為特色，這種縮短和生物之間距離的展示十分具有魅力。

神奈川縣 新江之島水族館

藤澤市片瀨海岸2-19-1
☎ +81-466-29-9960

濃縮整個相模灣的玻璃水槽，會依照觀看的角度展現出不同面向，而深海的稀有生物展示也深具魅力。

島根縣 島根縣立島根海洋館 AQUAS

濱田市久代町1117番地2
☎ +81-855-28-3900

在展現了島根傳承神話的大水槽中有許多鯊魚游動，另一方面可愛的小白鯨吐泡泡表演深受遊客喜愛。

靜岡縣 淡島海洋公園

沼津市內浦重寺186 ☎ +81-55-941-3126

由於海洋公園位於島上，因此搭船登島的過程令人開心。島上可參觀青蛙館、眺望富士山、島嶼散步，魅力不限於館內。

山口縣 市立下關水族館海響館

下關市Arcaport 6-1 ☎ +81-83-228-1100

對喜歡河魨或皮剝魨類的人來說，一定會喜歡這裡，因為這水族館擁有許多種魨類，另個特色是這裡擁有世界最大規模的企鵝水池。

愛知縣 名古屋港水族館

名古屋市港區港町1-3 ☎ +81-52-654-7080

在日本面積最大的水族館中，有著世界第一大戶外池的海豚表演……總而言之規模就是壓倒性的大啊！

大分縣 大分海洋宮殿水族館 海之卵

大分市大字神崎字Uto 3078番地22
☎ +81-97-534-1010

大洄游水槽的設計讓人可以從各處觀察，顯現出多采的景觀，可以近距離接觸生物也是其魅力之一。

三重縣 鳥羽水族館

鳥羽市鳥羽3-3-6 ☎ +81-599-25-2555

館內大約有1200種生物，以日本第一為自豪，同時也是日本唯一能見到儒艮，還能觀察到海蛞蝓的水族館，非常難得。

沖繩縣 國營沖繩紀念公園 沖繩美麗海水族館

國頭郡本部町字石川424 ☎ +81-980-48-3748

在世界最大「黑潮之海」展區的大水槽中有鯨鯊和鬼蝠魟在悠哉游泳；「珊瑚之海」中的造礁珊瑚，則重現了沖繩的珊瑚礁之美。

廣島縣 宮島水族館

廿日市市宮島町10-3 ☎ +81-829-44-2010

距離嚴島神社相當近，能夠見到江豚等多數棲息在瀨戶內海中的生物。「牡蠣的竹筏延繩養殖」展示也是廣島才看得到的。

索引

在這本書中登場的生物依序排在這裡。關於這些生物的詳細資訊，請看牠們的刊載頁面吧！

逛水族館會變得很有趣唷！

特別任務

海洋生物的蒐集學習單

任務① 為了尋找在這本書中登場的動物，就到水族館或大海去吧！要是實際上看到本尊，就在學習單的生物圖中塗上喜歡的顏色，製作自己專有的收集學習單吧！

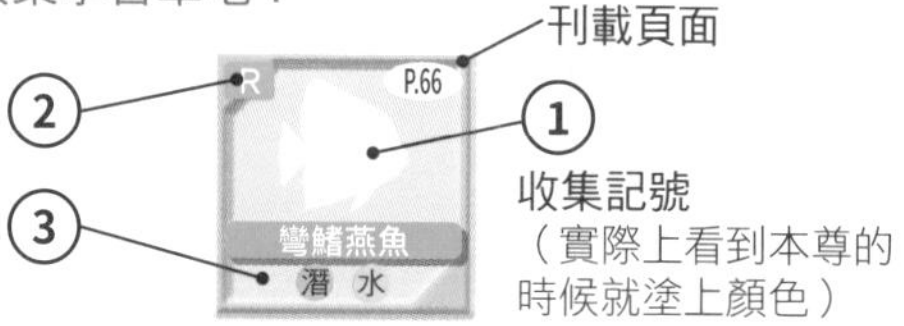

刊載頁面
R
P.66
彎鰭燕魚
潛 水
②
①
③
收集記號
（實際上看到本尊的時候就塗上顏色）

② 找到本尊的難易度程度

- **N** **Normal 普通**（在水族館或海中經常可見）
- **R** **Rare 稀少**（在水族館或海中偶爾可見）
- **SR** **Super Rare 超級稀少**（在海釣或潛水、水族館的特別展時，要是有看到的話表示很幸運）
- **UR** **Ultra Rare 極其珍稀**（在博物館的標本或研究設施的特別公開等有看到的話，超級幸運）

③ 看到本尊的可能性高的場所或方法

- 水 水族館
- 潛 深潛或浮潛
- 釣 海釣
- 市 市場、鮮魚店
- 岸 岸壁採集
- 博 博物館、研究設施（標本）

任務② 挑戰「海洋生物博士獎」！依照等級的不同，完成蒐集學習單，也囊括所有的獎吧！

- G **Great 讚讚海洋生物博士**（把N的25種全部做上標記）
- S **Super 超級海洋生物博士**（把N・R的42種全部做上標記）
- M **Miracle 奇蹟海洋生物博士**（把N・R・SR的47種全部做上標記）
- L **Legend 傳說海洋生物博士**（把這本書中介紹到的54種全部做上標記）

任務③ 只要達成任何一項「海洋生物博士獎」，都請在我的推特帳號上分享吧！標上「#海コレ博士」和「@KaribuSuzuki」，把塗上顏色的蒐集學習單拍照上傳推文吧！

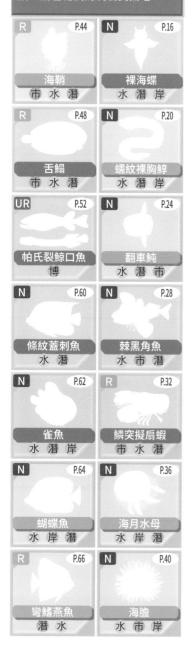

N P.136 布氏黏盲鰻 水	N P.120 哈氏異康吉鰻 水 潛	N P.100 大尾虎鯊 水 潛	SR P.84 圓鯧 岸 潛	UR P.68 角高體金眼鯛 博
R P.138 喬氏高體八角魚 水 潛	R P.122 綴殼螺 水	R P.102 花點窄尾魟 水 潛	R P.86 橫斑刺鰓鮨 潛 水 釣	N P.70 網紋擬狐鯛 水 潛 岸
N P.140 後頜魚 水 潛	N P.124 六斑二齒魨 水 潛 岸	N P.108 眼斑雙鋸魚 水 潛	R P.88 日本大鱗大眼鯛 水 潛 岸	R P.72 鬼頭刀 市 釣 水
UR P.142 穴口奇棘魚 博	N P.126 筐蛇尾 水 岸 潛	UR P.110 蓆鱗鼬鳚 博	R P.90 飛魚 市 釣 岸	N P.74 側帶擬花鮨 水 潛
UR P.144 尤氏擬管吻魨 博	SR P.128 冰魚 博 水	SR P.112 紐鰓海樽 潛 岸	R P.92 絲鰺 岸 潛 水	N P.76 斑胡椒鯛 水 潛
R P.146 澳洲枝葉海龍 水 潛	N P.130 花身鯻 水 釣 岸	R P.114 儷蝦 水	N P.94 黑身管鼻鯙 水 潛	N P.78 單角鼻魚 水 潛 岸
UR P.148 小頭魷 博	SR P.132 歐氏尖吻鯊 博 水 釣	N P.116 海馬 水 潛 岸	R P.96 褐擬鱗魨 潛 水 釣	R P.80 黃鮟鱇 市 潛 水
N P.150 日本櫻花鉤吻鮭 水 釣 市	UR P.134 巴西達摩鯊 博	R P.118 大嘴海蛞蝓 岸 潛 水	SR P.98 長棘毛唇隆頭魚 釣 潛	N P.82 粒突箱魨 水 潛 岸

※UR的動物很不容易看到活生生的狀態，所以要在博物館等找標本展示的機會觀察。

結語

在一窺海洋生物的不可思議世界之後，有什麼心得或感想呢？閱讀到各種不同生物所帶著的想法後，是不是感到和牠們更親近了一些呢？

接下來就等你親自去體驗了，請務必到大海或水族館去看看牠們。

在水族館的水槽之中，廣布著取自廣闊的海洋世界中切片般的一隅，在那裡重現了牠們的生活環境，並且能夠看到生物之間的關聯性。光看書沒辦法知道的各種事情，或許就能在那裡獲得新發現。

書中介紹了許多海洋生物的獨特生態，既是描述一隻隻生物的成長和生命歷程，也是在編織一個個物種的生命歷史故事。生物是經過漫長演化之後，才呈現出目前的樣貌，透過這些事蹟能一窺壯大生命之旅的概要。

不論是什麼樣的生物，都有其不凡的生態樣貌，要是本書能夠成為你和各種生物相遇的契機，就是我無比的榮幸。

最後，在我撰寫時給我許多指導的世界文化社大見謝小姐、編輯宮本小姐、透過插圖讓我有許多發現的畫家友永先生和在製作過程中幫忙我的各位，我打從心底致謝。

——鈴木香里武

主要的參考文獻

『日本産魚類検索 全種の同定 第三版』（東海大学出版会）

『日本産稚魚図鑑 第二版』（東海大学出版会）

『小学館の図鑑Z 日本魚類館 ～精緻な写真と詳しい解説～』（小学館）

※在本書中登場的生物資訊（大小和棲息地等），是以許多文獻、研究資料、作者的飼育觀察紀錄和採訪紀錄等為基礎記載的。

※臺灣方面的資料註記，則是參考自「臺灣魚類資料庫」、「臺灣貝類資料庫」、「典藏臺灣」、「臺灣生命大百科」等網站。

國家圖書館出版品預行編目(CIP)資料

好奇孩子大探索：變態．變身．變異！我們是機智的海洋生物/鈴木香里武作；友永太呂繪；張東君翻譯. -- 初版. -- 新北市：小熊出版：遠足文化事業股份有限公司發行, 2021.08

160面；14.8×21公分. -- (廣泛閱讀)

ISBN 978-986-5593-72-8(平裝)

1.海洋生物 2.動物生態學 3.通俗作品

366.98　　110011637

廣泛閱讀

好奇孩子大探索：變態．變身．變異！我們是機智的海洋生物

作者：鈴木香里武｜繪圖：友永太呂｜翻譯：張東君｜審訂：邱郁文（國立嘉義大學生物資源學系暨研究所副教授）

總編輯：鄭如瑤｜主編：劉子韻｜美術編輯：李鴻怡｜行銷副理：塗幸儀

社長：郭重興｜發行人兼出版總監：曾大福

業務平臺總經理：李雪麗｜業務平臺副總經理：李復民｜海外業務協理：張鑫峰

特販業務協理：陳綺瑩｜實體業務協理：林詩富｜印務協理：江域平｜印務主任：李孟儒

出版與發行：小熊出版．遠足文化事業股份有限公司

地址：231 新北市新店區民權路 108-2 號 9 樓｜電話：02-22181417｜傳真：02-86671851

客服專線：0800-221029｜客服信箱：service@bookrep.com.tw

E-mail：littlebear@bookrep.com.tw｜Facebook：小熊出版

劃撥帳號：19504465｜戶名：遠足文化事業股份有限公司

讀書共和國出版集團網路書店：http://www.bookrep.com.tw

團體訂購請洽業務部：02-22181417 分機 1132、1520

法律顧問：華洋國際專利商標事務所／蘇文生律師｜印製：凱林彩印股份有限公司

初版一刷：2021 年 8 月｜定價：360 元｜ISBN 978-986-5593-72-8

小熊出版讀者回函　小熊出版官方網頁